Al gato lo que es del gato

Divulgación

Eva San Martín
Al gato lo que es del gato
La guía definitiva para entender lo que dice,
siente y necesita tu amigo felino

 Planeta

© Eva San Martín, 2023
© Editorial Planeta, S. A., 2023
   Avda. Diagonal, 662-664, 08034 Barcelona (España)
   www.planetadelibros.com

Iconografía: Grupo Planeta
© de las ilustraciones del interior, © J. Mauricio Restrepo
Diseño de interior y maquetación: J. Mauricio Restrepo
Adaptación de la cubierta: Booket / Área Editorial Grupo Planeta
Fotografías de la cubierta: © Shutterstock, Westend61 y © Marco Amstutz / EyeEm
   / Getty images
Primera edición en Colección Booket: noviembre de 2025

Depósito legal: B. 18.427-2025
ISBN: 978-84-08-31047-1
Impreso en España

Biografía

Eva San Martín es experta en comportamiento felino, es decir, ayuda a quienes viven con gatos a entenderlos, a saber qué necesitan para hacerlos felices y a resolver sus problemas de conducta cuando estos surgen. Su trabajo está avalado por International Cat Care y la Asociación Internacional de Consultores de Comportamiento Animal (IAABC), dos prestigiosas organizaciones científicas que reúnen a los expertos y psicólogos felinos más importantes del mundo. También imparte clases de Comportamiento Felino en la Universidad Autónoma de Madrid. Además, es licenciada en Ciencias Ambientales por la Universidad de Alcalá y obtuvo el máster de Periodismo de *El País* y la Universidad Autónoma de Madrid. Eva también escribe y habla de psicología felina en numerosos medios de comunicación, como *elDiario.es*, *Público* o *20minutos*, entre otros; además, con su estilo sencillo, vibrante y entusiasta, comparte lo que sabe de gatos en su blog, *newsletter* y redes sociales. Actualmente trabaja en su propia consulta de comportamiento felino, gracias a la cual ayuda a cientos de bigotudos y a sus humanos a vivir juntos en armonía. Vive en Asturias con sus siete gatos caseros, mimados y felices. *Al gato lo que es del gato*, publicado por Planeta, es su primer libro.

🌐 www.evasanmartin.com

📷 @evasanmartin__

f @evasanmartingatos

Índice

Índice

Para Cooper, Cabo, Martes, Billy Boy, Frida, Travis y Brackett Omensetter, mis siete gatos mimados y felices. Gracias por llenar todo mi universo de amor peludo, risas y ronroneos.

Purrr

Frida está ocupada intentando distraerme para que haga una pausa en la escritura de esta introducción. Ha cruzado varias veces por encima del «dclsxnshdcj<dsteclado». Me ha colocado su adorable culete delante de la cara y me ha hecho cosquillas con sus bigotes. Y ahora, la prueba más dura: mi amiga me mira con esos adorables ojazos verdes que no le caben en la cara, y ahí va: un parpadeo suave y, cómo no, un ronroneo lento y melódico. El idioma del amor gatuno. *Purrr* supuesto, no puedo resistirme. Sonrío y aparto las manos del teclado para rascarle la barbilla a mi saboteadora peluda preferida. Os suena, ¿a que sí?

Ni ariscos ni rencorosos ni tan independientes como los pintan. Estas ideas tan extendidas sobre los gatos son falsas, agua pasada, y **tienen que ver más con el puro desconocimiento de la naturaleza y psicología felina que con la realidad.** Por suerte, **la ciencia del comportamiento felino está inmersa en una auténtica revolución de conocimiento,** y estudio a estudio, nos demuestra cada día que la vida emocional y social de nuestros gatos es bastante más rica y complicada que un puñado de tópicos y supersticiones. También nos confirma algo que quienes vivimos con un bigotudo (¡o con varios!) ya sospechábamos: que los gatos nos quieren, ¡y mucho!

Los gatos nos quieren, sí, y nos dicen «te quiero» en su propio idioma y a su peluda manera. A veces, un parpadeo lento y un restregón de sus cuerpos contra las piernas es su forma de decirnos que confían en nosotros, que están contentos de vernos: toda una declaración de amistad gatuna. Otras veces, nos demuestran su cariño con algo tan sutil como estar en la misma habitación que nosotros. Les basta con tenernos cerca.

Además, la ciencia ha desmontado la idea de que los gatos solo nos quieren porque tenemos pulgares *abrelatitas*. Por ejemplo, si les diéramos a elegir entre su lata de atún preferida y nosotros, nos escogerían a nosotros. ¡Y a quién no le gusta comer! Parece que, también cuando eres gato, el corazón vence al estómago. Maullémoselo alto y claro: los gatos nos quieren y son perfectamente capaces de disfrutar de nuestra compañía sin esperar nada a cambio. ¿No es esta una de las definiciones más puras del amor? *Purrr*.

¿Y qué hay de nosotros? ¿Queremos a nuestros amigos bigotudos como ellos necesitan y merecen? Si pudiéramos hacerle una sola pregunta a nuestro tigretón o tigresa, para mí sería esta: «¿Eres feliz?». No creo que sea la única. Vivamos con un gato, una gata, dos, tres gatos, un gatito o un gatazo, todos y todas queremos hacerlos felices. Pero, para lograrlo, lo primero es comprenderlos: entender quiénes son, por qué se comportan como lo hacen y qué necesitan nuestros gatos para ronronear contentos a nuestro lado. Para mí, solo hay una manera responsable de lograrlo: con ciencia, con rigor; de la mano de los mejores expertos profesionales del mundo en comportamiento felino. Y, cómo no, desde el amor profundo hacia estos amigos *miauravillosos*. Ningún gato se merece menos.

Con esto en mente, **en 2018 me convertí en la primera española acreditada como Experta Profesional en Comportamiento Felino por International Cat Care**, prestigiosa organización científica que reúne a muchos de los expertos y psicólogos felinos más importantes del mundo. Entonces aprendí qué quieren los gatos de verdad, qué necesitan, y también por qué a veces lo pasan mal en nuestras casas. Eso lo cambió todo para mí: era mi pasaporte para trabajar profesionalmente con los gatos.

He montado mi propia consulta de comportamiento felino para ayudar a los gatos de otras personas a ser felices y resolver sus problemas. Mi trabajo me ha dado la posibilidad de entrar en la vida de cientos y cientos de gatos y de conocer de primera mano vuestros problemas de convivencia con los amigos peludos a los que tanto queréis (de eso no tengo duda), pero a los que también os cuesta entender. ¿Por qué Cleo ha empezado a hacer pis fuera del arenero? ¿Por qué Lilith está mordiendo a su humano? ¿Qué ha ocurrido para que Hollín se pelee con Leia, su hermana gatuna? ¿Por qué Ringo despierta a su humana a las cuatro de la mañana? O ¿por qué a Sophie le ha dado por decorar el sofá con sus uñas? Os adelanto que nunca es por rencor ni porque estén enfadados, como a veces me decís. Al contrario: el origen de estos problemas suele ser la ansiedad o el miedo. **A eso me dedico: a ayudaros a resolver esos problemas de convivencia con vuestros amigos. No desde un punto de vista de su salud física, sino de la emocional. El comportamiento felino es tan importante como llevar a tu gato al veterinario.**

Son dos cosas que discurren en paralelo, las dos son igual de importantes.

Lo que tienes en las manos es un libro pionero para el gran público en español: una guía para entender lo que dice, siente y necesita vuestro amigo más ronroneante, y hacerlo muy feliz. Un libro que ahonda en las emociones de los gatos (hasta ahora infravaloradas o ninguneadas), lleno de ciencia, de amor, de trucos peludos y de experiencia profesional. También es un libro personal, con unos protagonistas muy bigotudos: vuestros gatos y los míos.

He escrito este libro en la mejor compañía: la de mis siete gatos felices y mimados, todos ellos adoptados o rescatados de la calle. Unos expertos en la materia. A ratos, he escrito con la cabeza de Cabo apoyada en mi antebrazo, y he tecleado más despacio, pero con más cariño. Casi siempre, con Frida en mi regazo, mecida en sus ronroneos. Martes ha interrumpido puntualmente mi escritura cada tres horas a maullido limpio, con un pompón azul en la boca, para recordarme que era la hora de jugar, ¡y de una pausa merecida! Por su parte, Travis y Brackett Omensetter se han turnado para frotarse contra mis piernas y pedirme mimos. Y Cooper, que no deja pasar una, ha saltado sobre la mesa para asomarse por detrás del monitor y clavar su adorable mirada en mí: un gesto con el que siempre me hace sonreír y con el que logra, *purrr* supuesto, que me levante para darle su enésimo desayuno. A mis pies, Billy, mi tigretón más tímido, ha maullado meloso para exigir que le rasque alrededor de las orejas, como tanto le gusta. *Purrr.*

Espero que este libro os ayude a tener una vida más feliz junto a vuestros gatos, y que cuando terminéis de leerlo, queráis a vuestros peliamigos más todavía, si cabe, de lo que ya los queréis.

Vamos allá, demos al gato lo que es del gato.

Parte I

ENTIENDE A TU GATO

Capítulo 1

Un tigre que te quiere

A Nala, una gatita tricolor de enormes ojos verdes que vive en un piso cerca de San Sebastián, le cuesta separarse de Sara, su humana, y la persigue por toda la casa, de habitación en habitación.

—Nala nos sigue a todos lados, incluso se mete en el baño cuando nos estamos duchando y espera sentadita en la alfombrilla o encima del lavabo —me cuenta Sara en una consulta de comportamiento felino, y yo sonrío porque mi gato Cabo hace lo mismo cada mañana.

Mientras tanto, Ringo aguarda junto a la puerta de su apartamento en el centro de Zaragoza a que su humano llegue del trabajo. Nada más oír los pasos de Ricardo por el descansillo, Ringo se acerca con las orejas erguidas y su esponjosa y temblorosa cola gris en alto, como la antena de un theremín que vibra de pura felicidad. En cuanto Ricardo aparece por la puerta, Ringo le restriega por las piernas su pequeño cuerpo agrisado con entusiasmo gatuno.

—A Ringo le encanta que le dé besitos por toda la cara, y se pone a mi lado esperando recibir caricias, es algo increíble.

En cuanto les das cariño, ellos te lo dan todo. No sé qué decir, lo quiero con locura —me confiesa Ricardo en la consulta otro día.

Y a cientos de kilómetros de allí, en un soleado piso de Santiago de Compostela, Cucurucho (o Cucu), un pequeño tigretón de pelo naranja y ojos redondos como olivas, espera con diligente paciencia gatuna a que Susana deje de hablar por teléfono y se siente en una de las sillas del comedor. Ahora sí, Cucu salta sobre la mesa y, una vez que tiene a Susana cerca, le rodea el cuello con las patas delanteras: un abrazo gatuno en toda regla.

—Así pasa las horas, es muy tierno y cariñoso, hasta el punto de que resulta agobiante. Pero ¿esto es amor? —me pregunta Susana durante otra consulta, mientras yo sonrío otra vez al comprobar cómo mi gata Martes no es la única que disfruta dando abrazos a su humana.

Queremos a nuestros gatos. Es innegable: nos resultan irresistibles y despiertan en nosotros emociones fuertes, y muchos os preguntáis si el amor gatuno es recíproco. Si el gato que nos maúlla a las tres de la mañana, que nos sigue al baño o que no soporta que cerremos la puerta de nuestra habitación finge querernos por puro interés o para que, por ejemplo, le abramos su latita de atún preferida. O si es cierto que pueden llegar a querernos. Os suena, ¿verdad?

Yo quería empezar por aquí y hablaros de los siete gatos mimados, felices y muy queridos con los que vivo. Hablaros de Cooper, de Cabo, de Martes, de Billy Boy, de Frida, de Travis y de Brackett Omensetter. Contaros cómo los gatos nos dicen «te quiero» en su propio idioma y qué necesitan para ser felices a nuestro lado. Lo haré, capítulo a capítulo. Pero me he dado cuenta de que, **para entender a vuestros gatos, descifrar sus mentes y llegar al fondo de sus emociones, necesitáis conocer mejor al tigre que duerme en vuestra cama.**

EL TIGRE QUE DUERME EN TU CAMA

Para saber qué piensan nuestros gatos, antes hay que hacer un pequeño viaje en el tiempo. En algún momento de la historia, unos felinos salvajes africanos se convirtieron en las bolas de ronroneos con las que convivimos hoy. Y no hablo de la pantera ni del lince ni del león, como nos muestran muchos paquetes de comida para gatos.

El primo salvaje de todos nuestros gatos es el **gato norteafricano**, técnicamente *Felis silvestris lybica*, un *cazador solitario* (recuerda esto, que es importante), que aún vive en las sabanas africanas del desierto del Kalahari. Un animal territorial que necesita sentir que un pedacito del mundo le pertenece. Algo que nos ocurre a todos, ¿no os parece? En el caso del gato africano es cuestión de pura supervivencia: dedica la mitad del día a explorar su trozo de sabana en busca de olores que le indiquen dónde está la cena; sobre todo, dónde encontrar pequeños roedores. En los vídeos de YouTube, sorprende el enorme parecido que guarda con los gatos con los que convivimos, ¡y a los que tanto queremos! Sobre todo, si pensamos en un minino atigrado de color tierra anaranjada: el mismo tamaño, la misma mirada inteligente y las mismas rayas oscuras que subrayan sus ojos cruzan sus pómulos y le recorren el cuerpo hasta las patas.

Este aparece caminando por la sabana con sus orejas erguidas, atentas. O busca rastros con su nariz entre las ramitas: olores que puedan chivarle que la cena está cerca. Tal es el apego a este trozo del mundo que considera su hogar, que además de cazar y de sestear al sol en las ramas de los árboles más altos, rasca las cortezas de sus troncos para dejar su olor en ellas y evitar que otros gatos o intrusos entren en su territorio.

Parece ocupado: siempre atento. Pero, claro, en la sabana un despiste puede suponer quedarte sin cena. O, peor aún, que alguien más grande que tú te sorprenda, y literalmente, ¡te coma! Volveremos a esto, porque entender cómo vive y qué siente este felino en *su sabana* es crucial para hacer feliz a esa bola de mimos que ahora se apoltrona en tu lado del sofá.

BRICOGATUNOS

 MISIÓN: GATOS FELICES EN 12 MINUTOS

Construir una caja sabana para nuestros amigos

Si queréis hacer felices a vuestros gatos, ¡meted un trozo de esta sabana en casa! Es tan sencillo como guardar una caja de cartón de tamaño grande y llenarla de objetos que vuestro amigo encontraría y con los que experimentaría ahí fuera, en la naturaleza, ¡sin la necesidad de salir del salón!

¿Mis ideas gatunas preferidas para fabricar la caja sabana? Podéis introducir hojas secas, plumas que algún pájaro haya dejado en el parque, piedrecitas (no demasiado pequeñas, porque podría tragárselas), algo de hierba, cortezas de árbol y ramitas donde quizá un pajarito se haya posado y dejado su olor. ¿Hay un placer gatuno más grande? A mí me gusta meter bolas de papel de embalar o de estraza. ¡Tienen un olor a corteza que a mis gatos les encanta! Y hacen que el juego gatuno de exploración sea más interesante.

Si la caja de cartón tiene un buen tamaño, vuestro gato o gata podrá, literalmente, saltar dentro, explorar los diferentes objetos como lo haría su primo salvaje en su sabana ¡y disfrutar del placer de darse una zambullida en la naturaleza!

- **Premio para gatos mimados n.º 1 (es decir, ¡para todos!).** Para hacer aún más divertida la caja sabana de exploración, podéis añadir bolas como las que encontramos en los parques infantiles o unas pelotas de pimpón. ¡He visto a mi gato Brackett Omensetter enloquecer de felicidad gatuna con la simple posibilidad de sacar todas las pelotas de la caja!
- **Premio para gatos mimados n.º 2.** Si metéis en la caja los juguetes preferidos de vuestros amigos ronroneantes, como un ratón peludo o un juguete de plumas, les permitís cazar sus juguetes, como harían en la sabana con su cena. ¡Lo pasarán en grande durante un buen rato!
- **Premio para gatos mimados n.º3.** Reparte algunas bolitas de comida o de chuches gatunas secas por la caja. Además de capturar juguetes, ¡tendrá la posibilidad de llevarse su recompensa a la boca!

Mi truco para gatos tímidos: si vivís con un gato más delicado, podéis construir una caja sabana más pequeña, por ejemplo, con una caja de zapatos o con una de pañuelos.

PREGUNTA A EVA

¿Puedo utilizar una caja de plástico?

Si es lo único que tienes en casa, **sí**. Pero el cartón es un material más gatuno y más divertido: además de absorber de maravilla los olores de las hojas y ramitas, tiene otra ventaja: vuestro gato puede mordisquearlo sin peligro. Ya os daréis cuenta, pero os aviso ya: ¡soy una gran fan de añadir objetos de cartón en una casa con gatos!

Abandonamos nuestra sabana por el momento y continuamos nuestro viaje.

LOS GATOS SE HAN DOMESTICADO SOLOS

Mientras que los perros empezaron a vivir con nosotros hace unos treinta mil años, y siempre nos hemos encargado de seleccionarlos o de criarlos para que desempeñaran determinadas tareas (pensemos en los perros pastores, los perros guardianes y, también, en los perros de compañía), la historia de domesticación de los gatos es mucho más corta, ¡además de muy peculiar!

Los gatos llevan mucho menos tiempo a nuestro lado. Ellos nos acercaron sus adorables bigotes por primera vez bastante más tarde. Depende de la fuente que consultemos, hablamos de entre ocho mil y diez mil años atrás, y fue un encuentro que se produjo en Oriente Medio. ¡Y eso son veinte mil años de desventaja respecto a los perros! Digo que nos acercaron sus bigotes porque fue así: han sido los gatos los que se han domesticado a sí mismos. Sucedió cuando los humanos nos hicimos sedentarios y empezamos a almacenar cereales en los asentamientos, pues estos atraían a los roedores. De ahí que las gatas y los gatos más extrovertidos (o que nos tenían menos miedo) y que supieran aprovechar como fuente de alimento todos esos ratones o roedores fueran quedándose con nosotros.

Ya lo veis: ¡nunca nos hemos preocupado de seleccionar a nuestros gatos para hacer nada! Fueron ellos, o algunos de ellos, los que decidieron quedarse a nuestro lado y comenzar, a su peluda manera y con sus reglas, la relación con nosotros.

Durante los miles de años siguientes, los gatos viajaron por todo el mundo a bordo de barcos, como ayudantes de los marineros, manteniendo sus embarcaciones libres de ratones. Pero qué duda cabe, para entonces, muchos de estos felinos ya se habían ganado el corazón de las mujeres, los hombres, las niñas y los niños que tenían cerca, y así conquistaron, a bordo de embarcaciones, todos los rincones del planeta, con la excepción de la Antártida. Ahora ya sí, muchos como queridos integrantes peludos de las familias.

La primera evidencia histórica fiable del gato como animal de compañía no aparecerá hasta varios miles de años más tarde: es hace unos cuatro mil años, cuando los gatos aparecen en pinturas y esculturas egipcias, sentados en cestas o en retratos de familia. Los historiadores especializados lo señalan como un hito en el inicio de la relación más estrecha entre gatos y humanos.

Los egipcios, además de valorarlos por mantener a los ratones y a algunas serpientes a raya, otorgaron a los gatos un papel espiritual, y los felinos adquirieron un rol cada vez más importante en cultos y religiones. De ahí que los veamos dibujados en tumbas, en sarcófagos, ¡hasta la diosa Bastet aparece retratada con cabeza de gata, considerada la protectora de los humanos y del hogar, la diosa de la felicidad y la armonía!

Pero la vida a nuestro lado no siempre ha sido fácil para los gatos, y existen episodios negros en la relación con nuestros amigos ronroneantes que fueron perseguidos, torturados y casi esquilmados en algunas partes de Europa por algunos humanos durante los siglos más oscuros de la Edad Media. El 13 de junio de 1233, el papa Gregorio IX promulgó la bula *Vox in Rama*, en la que los gatos —en especial los negros— se identificaron con Satán. Durante los trescientos años siguientes, millones de gatos fueron torturados y asesinados, junto con los cientos de miles de mujeres con las que vivían, que los cuidaban y querían; mujeres que fueron a su vez acusadas de brujería. La justificación de esta barbarie fue el exterminio de los cultos que aún incluían gatos entre sus objetos de adoración y demonizar religiones rivales: nuestros amigos ronroneantes se convirtieron en el centro de la ira de la Iglesia católica.

Aun así, los gatos siempre han encontrado el camino de regreso a nuestros corazones ¡y a nuestras camas! Ya hablaremos de estas armas de persuasión peluda que nos resultan tan irresistibles, y que nos hacen quererlos tanto.

UN TIGRETÓN EN CASA

Aunque detengamos este veloz viaje por la historia aquí, nuestros gatos aún cargan con toda la herencia de sus ancestros: diez mil años de aventuras peludas por el planeta puede parecer mucho tiempo, y nadie duda de que unos miles de años pueden poner patas arriba la historia de la sociedad humana. Pero, en términos de evolución, resulta un periodo corto para una especie: el ADN de los gatos a los que tanto queremos poco ha cambiado respecto al de aquellos felinos norteafricanos que fueron, y su lado salvaje sigue aún muy despierto.

¡Tu gato es un pequeño tigretón que ha aprendido a vivir en tu casa!

«NO SOY GOLLUM CON PELO»

No confundamos «independencia» con «indiferencia». Es cierto que los gatos son cazadores solitarios, como hemos aprendido del felino africano durante nuestra visita a su sabana. Eso es porque no necesitan de otros animales o una manada para sobrevivir. En la naturaleza, si tienen que vivir por sí mismos, son capaces de cazar pequeños roedores, insectos y pequeños reptiles como las lagartijas. Pero estas presas son tan chiquititas que no las pueden compartir con otros gatos. ¡Es que literalmente se quedarían con hambre!

Algo muy diferente a lo que hacen otros animales más grandes, como los lobos, las hienas y hasta las orcas, que cazan en manada y comparten su comida, y creo que eso explica por qué los gatos tienen esa reputación de ser animales solitarios, incapaces de querer.

Es como cuando vamos a un restaurante mexicano en grupo y proponemos pedir unos cuantos platos para compartir entre todos. Nuestro gatito sería ese amigo un poco refunfuñón que frunce el ceño, arruga los bigotes y dice: «No, no lo veo. Yo voy a tomar un guacamole para mí solo».

Sencillamente, no les va lo de compartir comida. ¡No les sale de forma natural! Y creo que este es uno de los motivos por los que a los gatos se les ha endosado la reputación equivocada de ser asociales y ariscos.

Pero, ¡ojo!, porque esto no quiere decir que los gatos sean más huraños que Gollum antes de salir de la caverna de *El señor de los anillos* donde esconde su tesoro. En realidad, sabemos que sus vidas sociales y emocionales son mucho más complejas que todo esto.

«TENGO *PURRRSONALIDAD*»

Mientras tecleo, Frida se ha acomodado en mi regazo, en el hueco escaso que queda entre la mesa y mi torso. Me masajea la tripa con las patas delanteras, un movimiento rítmico que practica mientras fija con delicadeza gatuna sus ojazos verdes y acuosos en los míos.

Entonces caigo en la cuenta de que Frida tiene razón: ahora que ya conocemos a su primo salvaje, es momento de mirar al gatito o gatita que tenemos cerca. ¡Porque no hay dos iguales! Hay gatos tímidos, como Billy Boy, que remolonean y se lo piensan antes de actuar. «¿Debería cazar esa mosca que acaba de entrar en el salón o lo dejo para más tarde? *Purrr.*» O mininos inseguros, como Travis que, ante la duda, prefieren pasar desapercibidos y esperar a que pase el temporal (esto es, cualquier visita humana que entre en casa) dentro de su caja de cartón. ¡Travis no es un chico de primeras citas!

Pero los hay que son todo lo contrario: gatos extrovertidos y simpáticos, como Cabo, que salen a saludar hasta a la cartera, y gatas confiadas, como la pequeña Frida, a las que pesar cuatro kilos escasos no les impide caminar por el mundo seguras y con la cola bien alta. ¡Aunque eso será después de echarse una buena siesta en mis piernas!

Conozco a cientos de gatos y os aseguro que cada uno es un mundo. ¡Lo mismo que nos pasa a todos! Aunque si vivís con más de un gato en casa, ya os habréis dado cuenta. Es el caso de Laura, que comparte su vida en Cubelles, provincia de Barcelona, con dos panteritas gatunas llamadas Morgan y Luna. Me lo contó así durante una de nuestras primeras consultas felinas:

—Mis gatos, Morgan y Luna, son hermanos, pero tienen un carácter muy diferente, y nos dimos cuenta el mismo día que los adoptamos: mientras que Morgan se escondía debajo del radiador y no quería salir, su hermana Luna inspeccionaba todo lo que encontraba en la habitación. Eva, ¿es normal? —me preguntó Laura, intrigada ante dos gatos hermanos que se comportan de un modo tan diferente. Años después, Luna sigue siendo exploradora y extrovertida, mientras que Morgan es cauteloso y precavido.

Sí, todo esto es natural. Tiene que ver con los genes. Pero esto no explicaría todas las diferencias, ya que Luna y Morgan son hermanos de camada y sabemos que al menos su madre fue la misma. **Lo que hace a cada gato único es, sobre todo, lo que vive y aprende, y como lo haya experimentado cada uno.**

Este aprendizaje tan vital comienza pronto: desde muy pequeños, los gatitos se comportan de forma diferente, y aprenden, por ejemplo, que existen dos grandes estrategias para sobrevivir ahí fuera. La primera, la de Morgan: «Yo me quedo aquí escondido mientras mi hermana sale y me confirma que ahí fuera no hay ningún peligro». Es una estrategia gatuna efectiva: si Laura hubiera sido peligrosa, en lugar de la mujer dulce, atenta y cuidadosa que es, lo habría descubierto Luna, y Morgan habría tenido más tiempo para esconderse o huir. Si resulta bien, Morgan lo repetirá, y aprenderá que ser cauteloso funciona: mejor esperar que jugársela.

La segunda estrategia es la de Luna: «Soy una gatita valiente y tengo hambre ¡siempre! Así que salgo a buscar algo que llevarme a la boca». Y también le funciona: si los recursos son pocos, es decir, si solo hay una pequeña lagartija que cruza la zona ese día, será Luna, y no Morgan, quien cene.

Esto es justo lo que hicieron cuando Laura apareció: Morgan, esperar; Luna, actuar.

Lecciones peludas como esta hacen de cada gato un individuo único, con su propia personalidad. Perdón gatitos ronroneantes, quiero decir, *purrrsonalidad*.

«NO SOY ARISCO, SOLO ALGO TÍMIDO»

Como hemos visto, los gatos nacen con un temperamento, que son los ladrillos genéticos iniciales para construir lo que será su personalidad (perdón de nuevo, su *purrrsonalidad*), que se formará a lo largo de toda su vida, y convertirá a vuestro gato en el individuo único y extraordinario que es.

Existe un periodo decisivo en el que los gatitos absorben información a toda velocidad y que marcará el resto de sus vidas: entre las dos y las ocho semanas de edad es cuando el cachorro aprende qué es el mundo, qué o quién da miedo y qué o quién no. ¿No os da vértigo pensar que todo ocurre tan rápido y temprano en sus vidas? Si pudiéramos entrar en la cabeza de nuestros gatitos durante esta etapa tan sensible que podemos llamar «crucial», se estarían preguntando cosas importantes para su supervivencia como «¿esa humana es de fiar?» o «¿ese niño me va a molestar?». En función de lo que aprendan, así actuarán la próxima vez.

Comienza a explorar el mundo que lo rodea, y el gatito no dejará de contemplar su último descubrimiento: sea este un rascador de cartón o un juguete con forma de ratón que puede patear, como aprenderemos más adelante. Sobre todo, no dejará de examinar a esos animales tan grandes que tiene delante: nosotros. Si el cachorro aprende que los humanos somos buenos y divertidos, así lo recordará.

TRUCO GATUNO DE EVA

Si vives con un cachorro...

Recuerda esta sencilla pauta: si vives con un cachorro, aprovecha para que conozca a diferentes tipos de personas, adultos, mujeres, hombres, y también niños y niñas. Asegúrate de que tenga experiencias positivas. ¡Es el momento ideal para que aprenda que los humanos somos de fiar!

Más adelante hablaremos del juego, ¡lo estoy deseando! De momento quedaos con esto: a tu cachorro le encanta jugar, pero cuando eres tan pequeño es fácil confundir un dedo humano con la cola de un ratón. No uses las manos: al contrario, utiliza juguetes enganchados a una cuerda y un palo.

TODOS SOMOS GATOS

«¿Y si mi gato me tiene miedo?» Es una pregunta que me hacen mucho, y con razón. Desafortunadamente, la mayoría de los gatos no son adoptados en ese momento en el que son esponjas peludas. Es probable que en esa etapa sigan con sus madres o estén en una casa de acogida. En el peor de los casos, puede que a esa edad ni siquiera hayan sido rescatados y sigan ahí fuera, en la calle, avanzando en su camino para convertirse en gatos sin socializar, más cerca aún de su lado salvaje y sin aprender a disfrutar de la compañía de los humanos.

Todos los gatos que conocemos necesitan aprender a ser gatos caseros para poder vivir felices en nuestros hogares y a nuestro lado. Creo que es necesario aclararlo, porque veo que existe cierta confusión. **Hayan aprendido a querernos o no, todos estos gatos que conocemos, vivan en casa o vivan en la calle, son gatos domésticos y pertenecen a la misma especie: todos ellos son _Felis silvestris catus_.** Todos ellos, a su vez, descienden del mismo gato norteafricano que hemos dejado en la sabana al principio de este capítulo: el hermoso _Felis silvestris lybica_.

Pero volvamos a nuestros gatos más cercanos. La línea que separa al gato no socializado, que nos mirará siempre con miedo, del gato que vive en la calle, cuidado por los vecinos, y del gato con el que convivimos en casa es difusa. Pero todos ellos, insisto, son gatos domésticos.

Esto explica por qué los cachorros de una gata que ha crecido en la calle pueden convertirse en gatos caseros felices y vivir contentos a nuestro lado. ¡Que se lo digan a Frida, a Travis, a Cabo, a Cooper, a Billy, a Martes o a Brackett Omensetter! Todos mis gatos nacieron en la calle, y se han convertido en gatos caseros felices y mimados. Y sé que en vuestras casas ocurre lo mismo: la inmensa mayoría de vosotros vivís con gatos adoptados o rescatados a los que no solo habéis ayudado a sobrevivir, sino que los adoráis como a un miembro más de vuestra familia.

Que se conviertan en gatos caseros felices o que continúen su vida más cerca de su lado salvaje depende, en buena parte, de que hayan tenido la posibilidad de aprender durante este periodo sensible a disfrutar de nuestra compañía y vivir en nuestras casas. Para los perros, esta socialización se prolonga más. Son más flexibles y también más adaptables. Esto significa que podemos tomarnos con un poco más de calma su socialización.

Todos los gatos nos necesitan tanto como los perros. Puesto que nuestras casas, ciudades, pueblos y entornos humanos se han convertido en su hogar más frecuente, los humanos somos enteramente responsables de su bienestar. Los gatos, ya vivan en la calle o sean gatitos caseros, no son capaces de llevar vidas felices sin nuestra protección, alimentación y cuidados, de un modo u otro.

«¿Y TÚ QUIÉN DEMONIOS ERES?»

Muchos gatos han crecido en entornos muy silenciosos y puede que solo hayan interaccionado con una única persona: alguien que les haya dado el biberón o que los haya cuidado. Claro, después llegan a una casa con más gente que no conocen y piensan: «Pero ¿quién demonios eres tú?». No es para menos: si fuésemos un gatito y alguien que es treinta o cuarenta veces más grande que nosotros y a quien no conocemos se nos acercara, ¿no haríamos lo mismo?

No significa que no puedan aprender a querernos, pero cuando este periodo sensible termine, todo el proceso se ralentizará, y cuando hablemos de lenguaje gatuno y de los trucos para caerle bien a un gato, lo entenderéis.

Cuando termino de escribir esta frase, noto un hormigueo que me devuelve a mi salón: se me han dormido las piernas. Solo ahora caigo en que Frida ha estado dormida en mi regazo todo este tiempo, convertida en una dulce rosquilla peluda que no ha dejado de ronronear, y me doy cuenta de lo que en realidad quiero contaros. Creo que la gente infravalora lo sociales que son los gatos. Tímidos o más extrovertidos, cada uno experimenta la vida a su peluda manera. Hay gatos que siempre nos tendrán miedo porque no han tenido la oportunidad de aprender que somos buenos, pero aceptémoslo: cuando logramos llegar a su corazón, son unos amigos inimitables.

¡Tu gato es esencialmente un pequeño tigretón con la capacidad de quererte!

EL TIGRE QUE TE QUIERE

Ni ariscos, ni aburridos, ni tan independientes como los pintan. Olvida todo lo que crees saber acerca de los gatos. Sus capacidades emocionales han sido infravaloradas, reflexiono mientras

Frida regresa, esta vez, para colocarse entre mi cara y el portátil. Sabe de sobra que no podré resistirme y que le caerán besitos en el cogote mientras escribo. ¿Quién es capaz de ignorar esas cabecitas tan suaves que tienen nuestros gatos?

Frida responde a mis besos con ronroneos, y poco a poco se sumerge en un dulce sueño (¡otro!).

El cariño de los gatos ha sido menospreciado, os decía, porque han sido comparados con los perros, ¡mucho más descarados a la hora de expresarnos su amor! Lulú, nuestra perrita, me dedica por ejemplo una rumba peluda cada mañana mientras preparo el café. ¡No hay gatito que aguante ese ritmo! A los que vivís con perros, os suena, ¿verdad?

Por el contrario, los mininos arrastran una fama de huraños y arrogantes, de que solo nos toleran porque estamos a *su servicio* y les proveemos de toda clase de caprichos que los hacen felices, ¡como abrirles su lata de pollo preferida!

Pero lo cierto es que estas afirmaciones tienen que ver más con el puro desconocimiento de la naturaleza y psicología felina que con la realidad.

LA PREGUNTA DEL MILLÓN: ¿MI GATO ME QUIERE?

Soy consciente de que os intriga. Os comprendo, porque los gatos con los que convivís no encajan en la etiqueta de seres distantes que muchos les atribuyen.

Vuestros gatos os traen regalos en forma de juguetes. En otras ocasiones, como Nala y Cabo, os siguen hasta el cuarto de baño.

O, como Ringo, os esperan en la puerta cuando llegáis para que les acariciéis la barbilla. A veces se os suben al regazo mientras veis vuestra serie preferida, y otras os piden, a maullido limpio, que dejéis todo lo que estáis haciendo para jugar un rato con ellos.

No vais mal encaminados: tenéis razones de sobra para pensar que vuestros gatos os quieren, ¡y mucho!

AMOR DE GATO

El amor es una emoción compleja incluso entre humanos. Quienes afirman estar enamorados o querer a otra persona pueden comportarse de un modo muy distinto. Así que os podéis imaginar lo difícil que resulta a veces medir las emociones de los gatos. Por no hablar de llegar a conocer su intensidad.

Pero tras haber conocido a cientos de gatos y de gatas durante las consultas de comportamiento felino, de verlos interactuar con vosotros, no tengo duda de que **los gatos establecen vínculos emocionales profundos con otros animales, sean gatos, perros o humanos.** No tengo ninguna duda: los gatos nos quieren.

No todos pueden querernos como nos gustaría, tal y como hemos aprendido antes, pues la capacidad de disfrutar de nuestra compañía es muy individual. Como nos ocurre a todos, algunos gatos son más cariñosos o muestran su afecto de un modo más evidente, y otros son más tímidos.

Para algunos felinos, el modo de demostrarte su amor es estar en la misma habitación que tú. Le ocurre a mi gato Cabo: en cuanto cierro una puerta, la aporrea como un pequeño mamut peludo hasta que logra entrar. Otros gatos lo demuestran sentándose en tu pecho y ronroneando en tu cara, pero ya llegaremos a esto.

CIENCIA GATUNA

SÍ TE QUIERE, ¡LO DICE LA CIENCIA!

No es solo una intuición. Para descifrar el meollo de la relación entre gatos y humanos, al fin podemos recurrir a **la ciencia gatuna,** que **vive una auténtica revolución,** y ha desmontado la imagen de que los felinos son seres independientes e incapaces de querer a sus humanos.

Ya sabíamos que tenernos cerca puede tener un efecto calmante para nuestros gatos. Pero gracias al profesor de neurología Paul J. Zak hemos aprendido que cuando juegan con nosotros, los gatos liberan oxitocina, ¡la hormona con la que medimos el amor! Además, existe un revolucionario estudio de 2017 de la Universidad de Oregón que concluye que cuando le damos a elegir entre su juguete favorito, su lata de atún preferida, una planta de *catnip* (un narcótico felino divertido, del que os hablaré más adelante, ¡es de mis trucos preferidos para hacer felices a nuestros amigos!) y nosotros, más de la mitad de las veces, nuestro gato nos escoge a nosotros. Incluso por encima de la comida. ¡Y a quién no le gusta comer! Parece que, cuando eres un gato, el corazón vence al estómago.

En resumen, los gatos son capaces de disfrutar de nuestra compañía sin esperar nada a cambio. ¿No es esta una de las definiciones más puras del amor?

¿MI GATA ME ECHA DE MENOS CUANDO NO ESTOY?

—Mi gata Zeia es muy cariñosa y mimosa, le encanta estar pegada a mí. La próxima semana me voy de vacaciones, y aunque vendrán a cuidarla, tendrá que quedarse varias horas sola. ¿Puede pasarlo mal y echarme de menos? —me preguntó durante una consulta Marta, su humana.

Como muchos sospecháis, a vuestro gato o a vuestra gata no le gusta que os vayáis de casa. Un estudio brasileño coordinado por la bióloga Daiana de Souza, de 2020, ha ido más allá: confirma que nuestros gatos pueden pasarlo mal cuando salimos de casa e incluso sufrir ansiedad por separación cuando no estamos, una emoción negativa que hasta ahora se creía exclusiva de los perros. Lo más importante es que este argumento aporta una conclusión científica contundente que desmonta de una vez por todas el mito del minino arisco, incapaz de querernos y echarnos de menos. Maullémoslo alto y claro: ¡los gatos nos quieren!

«SI ME DAS CARIÑO, YO RESPONDO»

Si alguien tiene la percepción de que los gatos son seres ariscos o distantes, que no valoran las interacciones sociales, no saldrá de su zona de confort para relacionarse con ellos. Además, está condicionando a su gato para que se muestre distante, ¡porque eso es lo que espera de él! En realidad, es al revés: **cuanto más aprendemos, más nos damos cuenta de lo profunda que es nuestra conexión con ellos.** Un estudio de 2019 coordinado por la psicóloga felina Kristyn Vitale confirma que cuando tienen que escoger entre sus humanos y un extraño, no les tiemblan los bigotes antes de tomar la decisión: ¡sin dudar, nos escogen a nosotros, sus humanos!

Su amor crece cuando es recíproco: cuanto más reciben, más se atreven a dar. Así, nuestros bigotudos preferidos eligen pasar tiempo con aquellas personas que les dedican más atención.

Recuerda esto: los gatos reciben el amor que les damos, y se alimentan de él para devolvérnoslo y lograr que los queramos tanto.

GARY COOPER EN TU CAMA

Cooper demuestra su cariño a Eva. Estos cabezazos y restregones con su cuerpo son una declaración de amistad: un abrazo en versión gatuna.

Debería comenzar con una confesión: los gatos me resultan adorables. Creo que nunca he conocido a un gato que no lo fuera. Cuando era niña, nunca me dejaron vivir con gatos, aunque yo insistía. Ahora bien, desde que tuve la posibilidad de independizarme, los gatos no han dejado de entrar en mi vida. El primero fue Cooper, al que encontré solo debajo de un coche mientras recorría el paseo marítimo de Cádiz en bici, cuando aún era un cachorro de un mes y medio, lleno de pulgas y de miedo.

Con ayuda de un camarero y un trozo de pollo que sacó de su cocina, logré meter a Cooper entre dos canastas de pan unidas por una goma. ¡Qué pequeño era! Lo coloqué en la cesta de mi bicicleta y lo llevé a casa.

Lo llamamos Cooper por el muy valiente, y también guapo, Gary Cooper de *Solo ante el peligro*. Lo que no fui capaz de adivinar entonces era que aquel adorable y simpático enano bigotudo iba a trastocar mi vida para siempre, que iba a robarme el corazón... ¡y la cama! En definitiva, que iba a permitir que hiciera todo eso con mucho gusto.

Tengo que decir que no soy la única. Queremos a nuestros gatos, tanto (si cabe) como ellos nos quieren nosotros, y ellos parecen aprovechar muy bien sus encantos peludos.

ARMAS DE PERSUASIÓN PELUDA

«Los vínculos pasionales del amor son el centro de muchas vidas humanas —escribe el filósofo John N. Gray—. En la mayoría de los casos, es el amor de otro ser humano, pero también puede ser el de un animal no humano.»

Cristina, que comparte su vida con Teo, un felino despierto y de pelo suave y anaranjado, en un ático de Barcelona, me habla de este vínculo amoroso que siente hacia su gato.

—Me gusta vivir con Teo porque es una compañía increíble, tranquila, me regala un amor incondicional. Esté como esté yo, Teo está aquí, a mi lado. Vivir con Teo es compartir nuestro tiempo, nuestro espacio y nuestro amor.

Los gatos despiertan en nosotros emociones intensas. Son una extensión del lazo emocional que podemos crear con otros humanos, aunque quizá no haya nada más incondicional que el amor que construimos con animales de otras especies.

La misma Cristina da otra clave de por qué los queremos tanto.

—Además de ser una buena compañía y considerarlo mi familia, Teo me parece muy mono: las caras que pone, cómo mueve las orejitas. ¡Me río mucho con él!

Los científicos han querido llegar al fondo de tanto amor peludo y han diseñado experimentos para intentar comprender por qué nos resulta inevitable querer a nuestros gatos. En Japón, por ejemplo, la Universidad de Hiroshima enseñó fotos de gatitos a decenas de personas y les preguntaron qué sentían mientras las contemplaban.

Pues bien: **los gatos nos provocan la misma reacción emocional y tierna que nos invade cuando miramos fotos de bebés humanos.** Tiene razón Cristina: los gatos nos parecen muy monos. Sabemos que los rostros de nuestros felinos imitan rasgos de los bebés humanos. Esos ojos casi tan grandes como los nuestros, ¡en una cara mucho más pequeña! Nuestro cerebro no puede evitar reaccionar con cariño al verlos: despiertan, en muchos de nosotros, el instinto natural no solo de quererlos, sino también de cuidarlos.

Todo lo dicho, pese a que su ADN poco ha cambiado respecto de aquel felino salvaje que fue hace diez mil años. Seguramente sea eso lo que nos gusta, que aún mantengan dos patas en su lado salvaje.

SUPERPODERES GATUNOS

Aún nos queda por descubrir algunos de los poderes gatunos más inesperados. Según dice la ciencia, esa rosquilla ronroneante que duerme en el extremo de la cama es capaz de reducir nuestro ritmo cardiaco y de bajar nuestra presión arterial, dos factores que reducen el riesgo de padecer una insuficiencia cardiaca y que pueden alargarnos la vida. Lo que, por si fuera poco, implica que tener cerca a nuestros gatos nos ayuda a vivir de un modo más relajado y con menos estrés. Ahora bien, para disfrutar de estos superpoderes gatunos saludables tenemos que quererlos y cuidarlos como merecen. Si no, carecen de este efecto.

Llegados a este punto hemos aprendido que los gatos nos quieren tanto como nosotros a ellos, aunque a veces tengan modos sorprendentes de decírnoslo, como enseguida veremos. Porque los gatos tienen un lenguaje de gestos, comportamientos y sonidos para expresarnos sus emociones. Un código gatuno que estamos a punto de descifrar.

Capítulo 2

No entiendo a mi gato

Queremos a nuestros gatos y, como ya hemos aprendido, nuestros gatos también nos quieren a nosotros. Pero esto no significa que los comprendamos.

—Nico nos maúlla mucho. A veces hace un insistente «miaauuuuu miaauuuuu miaauuuuu». Pero otras, suena más como un muñeco: «Yiuuuuu», y se nos queda mirando fijamente. ¡Nos cuesta saber qué quiere! —me cuentan María y Félix una tarde en la consulta.

—¿Y por la noche también maúlla? —les pregunto, intrigada.

—No, por la noche quien maúlla es nuestro otro gato, Duque, el especialista en maullidos de madrugada. Cuando menos te lo esperas, en mitad de la noche, arranca su característico «maaauuu, maaauuu, maaauuu», que resuena por toda la casa. Entonces hay que darle comida o hacerle caso. O, simplemente, preguntarle qué le pasa. ¡La verdad es que cuesta entenderlos! —me dicen desde la casa de la sierra de Madrid que comparten con sus reyes del maullido.

Es cierto, nos cuesta entender a nuestros gatos, en la consulta lo oigo a diario. «No entiendo a mi gato.» «No sé qué quiere decirme.» «¿Por qué me mira tanto? No sé qué le pasa.» Por mucho que los queramos y que compartamos con ellos la cama, a menudo nos cuesta comprenderlos. Porque los gatos no son humanos en miniatura. Tampoco perros con bigotes más largos, ¡los perros son mucho más expresivos a la hora de mostrarnos sus emociones!

Los gatos tienen un lenguaje propio. Un código de sonidos, gestos y comportamientos que los humanos no siempre entendemos, y que a veces incluso malinterpretamos. Un código que apenas ha cambiado en sus diez mil años de vida a nuestro lado, cuando aún eran gatos salvajes en la sabana africana, a la que ya hemos viajado. Por eso, vamos a descifrar su lenguaje y aprender a hablar con ellos en su propio idioma.

Y lo primero es entender qué nos dicen con esos maullidos.

TU GATO TE HABLA

La mayoría de nuestros gatos caseros maúllan. Algunos, como Nico, no paran. Mientras que otros, como Duque, solo emplean sus poderes vocales cuando quieren que les abramos su latita de atún preferida.

Hay maullidos por comida, por atención, para que les dejemos entrar en la habitación, y, una vez dentro, maullidos para que abramos otra vez la puerta porque quieren salir. Y volver a entrar. Y volver a salir. Os suena, ¿verdad? Pero para entender por qué los gatos maúllan hay que regresar al principio, retroceder al momento en el que nuestras queridas bolas de ronroneos acaban de nacer.

«¡SOY UN GATITO CON HAMBRE!»

Los cachorros aprenden a maullar muy pronto. Con dos o tres semanas, los gatitos ya usan los sonidos para llamar a sus madres y decirles que tienen frío o hambre. Es decir, **el maullido es un comportamiento gatuno infantil, similar al llanto de un bebé humano.** Y, como os podéis imaginar, igual de persuasivo. Cuando los gatitos maúllan, las madres acuden rápido a darles de comer: a esta edad son pequeños lactantes. O los acurrucan en su cuerpo para proporcionarles el calor que necesitan para sobrevivir. ¡Son tan delicados a esta edad!

Pero una vez que los gatitos crecen, dejan de maullar, y seguramente el motivo sea que los maullidos ya no funcionan. Por mucho que se desgañiten, las madres felinas saben que sus cachorros ya están preparados para sobrevivir por sí solos y, sencillamente, los ignoran.

No ocurre lo mismo con los gatos que viven con nosotros, porque muchos nunca dejan de maullar.

¿POR QUÉ MAÚLLAN LOS GATOS?

Aquí va una sorpresa peluda: los gatos caseros conservan el maullido... ¡solo para hablar con nosotros, sus queridísimos humanos! Lo hacen porque han aprendido que sirve para captar nuestra atención.

«Miauuu», te estudia. Y, si funciona, es decir, si obtiene lo que quiere («¿me ha acariciado mi humana la barbilla como a mí me gusta?»), volverá a la carga cada vez que se sienta mimoso. «Miauuu.»

Tu gato maúlla para comunicarse, para «hablar» contigo.
¿Acaso no es amor peludo maullado a los cuatro vientos?

¡PONTE LAS GATIGAFAS!

Para entender por qué los gatos nos maúllan y lo efectivos que son estos sonidos, os invito a poneros... ¡las gatigafas! Unas gafas con superpoderes peludos que os ayudarán a ver el mundo como lo ven nuestros queridos felinos.

¿Os habéis puesto ya las gatigafas? Bien, ahí estamos nosotros en el salón de nuestra casa una tarde cualquiera: atrapados durante horas (y más horas) entre libros y pantallas de todo tipo. Portátiles, móviles, ¡y sin hacer caso a nuestros gatitos!

Echemos otro vistazo al salón porque ahí, sobre el reposabrazos del sillón, también se encuentra nuestra bola de pelo preferida. Acaba de desperezarse tras su enésima siesta gatuna del día, y sabe que se acerca la hora de la cena. Nos mira durante un rato, pero nada. El plato sigue vacío.

Empieza a maullar: «Miaaau». Una vez, suave. Nada. «¿Miaaau?» Algo más intenso, pero aún suave. Nada. A la tercera va la vencida, piensa nuestro gatito, y despliega toda su artillería peluda: «Miaaauuuuu, miaaauuuuu, miaaauuuuu, miaaauuuuu», una cadena insistente de maullidos que taladra nuestros oídos y que ¡sí funciona! Solo entonces logra sacarnos de la pantalla. Miramos a nuestro adorable gatito y (*purrrr* supuesto) llenamos su plato. ¡Infalible!

Nuestros amigos no tardan en aprender que sus deseos se ven cumplidos cuando entonan su maullido, y lo intentarán de nuevo cuando les ruja el estómago para persuadirnos de que se haga su peluda voluntad, como la de abrir esa deliciosa latita de atún. Requetemiaaaaau.

CADA GATO, SU MAULLIDO

No existe un único maullido, ni un miau universal. De hecho, tu gato tiene su propio repertorio *purrrsonal* y único que utiliza para comunicarse solo contigo, y que cambia en función del momento, de cuáles sean sus emociones o de lo que nuestros gatos quieran de nosotros. Es decir, tu gato tiene su propia colección única de maullidos para ti, una colección que pronto llegarás a entender.

Hay gatos que maúllan más que otros. Los hay que hablan en un tono más dulce y otros que maúllan como si graznaran. ¡O que suenan como el crujido de una puerta antigua! Hay maullidos frenéticos, maullidos cálidos, maullidos tímidos. Suenen como suenen, si vives con un gato, estos sonidos se habrán convertido en la banda sonora peluda de tu vida.

PREGUNTA A EVA

Pero ¿qué me dice mi gato con ese miau?

Casi a diario, me hacen esta pregunta en la consulta, y da igual si hablamos de un gato charlatán que no para de maullar, como Nico, o de otro más selectivo con sus maullidos, como Duque. Tenéis razón y motivos para preguntaros qué os dicen vuestros reyes del maullido preferidos. Los gatos maúllan para comunicarnos información que es importante para ellos.

Un maullido corto puede significar «hola» o «mírame» en idioma gatuno. Mientras que una cadena de maullidos cortos puede entenderse como un modo también gatuno de romper el hielo, algo así como «ey, humano, ¡qué pasa! Oye, una cosita, ¿te has dado cuenta de que soy peludamente irresistible?».

Mientras escribo esto, mi gata Martes irrumpe. «Maau. Mauuu. Mauuu.» Ahí viene, feliz, con sus orejas de algodón, sus ojos almendrados bien abiertos y su juguete en la boca, un pompón de color azul. ¡Su preferido! Es nuestro ritual: ella me recuerda que llevo demasiadas horas secuestrada por el portátil, y que jugar un rato nos desestresará a las dos.

Me río porque su interrupción no podía ser más oportuna. Lo primero que conocí de Martes fue ese maullido. Un maullido insistente, que retumbaba en el interior de la carrocería de un coche en un aparcamiento de una zona comercial al norte de Madrid. «Maau. Maau. Maau.» Era martes y 13, día en el que la mala suerte se convierte en tema de conversación. También era una mañana gélida en pleno diciembre, y nuestra pequeña heroína peluda, que entonces tendría unos dos meses de vida, se refugiaba del frío dentro del capó del coche, junto al motor, que aún conservaba el calor.

No había forma de sacarla de allí, ni tan siquiera de verla. Todo lo que teníamos era su maullido. Así que activamos nuestro equipo de rescate gatuno; es decir, trajimos unas latitas de atún del supermercado más cercano. Ni por esas. Hasta que mi pareja metió la mano en el motor, y se dejó morder por la gatita. Y salió del motor pescada, cual pez. Sucia, aterrorizada, pero sana y a salvo.

«Te llamarás Martes», le dijimos, mientras la abrazaba, ya enroscada en mi cazadora de cuero. La superstición quedaba rota: aquel era un día de buena suerte peluda. Martes se ha ganado el apodo de Martillito gracias a sus cadenas de maullidos inagotables que ahora retumban en mi oreja. ¡Es como un pequeño martillo percutor peludo!

PAVAROTTI MAÚLLA DE NOCHE

La idea del «maullido Pavarotti» me vino una noche de invierno. Por aquel entonces, yo cursaba mi segundo año de estudios en el Reino Unido para convertirme en experta en comportamiento felino. Mientras tanto, escribía artículos de gatos para una publicación *on-line* que me permitía pagarme las facturas. Para mí, era habitual quedarme durante horas absorta en los apuntes y olvidarme de preparar la cena de mis gatos a tiempo.

¡Pero ahí estaba Cabo para recordármelo! Cabo, que es un gato negro adorable, cariñoso, elegante y pachón, nunca ha sido especialmente charlatán ni maullador. De hecho, es bastante silencioso, siempre y cuando no le falte la cena, claro, que fue justo lo que ocurrió aquella noche.

Al ver que la cena no llegaba, y que yo ni siquiera me había percatado de su peluda presencia, Cabo recorrió con calma el largo pasillo que conectaba el salón con la cocina. Delante del armario donde guardaba su cena, entonó un único, largo, pro-

fundo y contundente do de pecho peludo: «¡Maaaaaaauuuuuuuu!».
No hizo falta más.

Cabo me enseñó aquella noche de invierno que un único maullido prolongado equivale a una queja más seria o a un lamento
lleno de frustración; como que le duele el estómago, que está
aburrido o que quiere su cena, y que la quiere... ¡ya!

Había nacido «el maullido Pavarotti», ¡porque suena como el
do sostenido y profundo de un tenor peludo!

Desde aquella noche, lo he oído muchas veces en la consulta.
Y, desde luego, es el caso de los maullidos de Duque, el tigretón
blanco y negro que despierta a María de madrugada para pedirle
comida.

Ahora bien: si tu gatito Pavarotti tiene doce años o más, maúlla por las noches y mira a un punto fijo, es posible que esté de-
sorientado y hay que tomárselo en serio. Puede que tu amigo no
se sienta bien y no recuerde dónde está. **Mi consejo: pide cita
con tu veterinario felino. Después, pide ayuda a tu psicóloga
felina.**

PREGUNTA A EVA

¿Por qué mi gato cacarea cuando ve una mosca?

—Mis gatos Gris y Rotis maúllan cuando están en el salón y
descubren algún insecto o una mariposa a través de la ventana.
Entonces se quedan con la boca abierta y hacen un sonido raro,
como una especie de cacareo. ¿Qué significan esos chasqui-
dos? —me preguntó durante una consulta Violeta, su humana.

Cuando se trata de sonidos gatunos «raros», o que más nos extrañan, este chasquido o cacareo se lleva la palma. Este sonido que los gatos producen al entrechocar las mandíbulas, lo llamamos *cacareo*, como dice Violeta, y a veces lo identificamos como *castañeteo* o *chasquido gatuno*. Y puede ser, simplemente, una señal de frustración, es decir, Gris está viendo la mosca. Le encantaría cazarla. Pero no puede. Pobre Gris.

El cacareo gatuno es frecuente cuando nuestros gatos ven algo que les gustaría capturar, como esa mosca, pero no pueden, ¡porque la ventana está cerrada! Es un maullido estropeado: Gris está frustrada, pero no puede maullarlo alto y claro porque alertaría a la mosca. Así que le sale un maullido frustrado, ahogado, como roto.

TRADUCTOR DE MAULLIDOS

¿Qué te dice tu gato?

Martes habla con Eva y utiliza su «maullido martillito». Insistente y tajante: «Eva, ¿no me oyes? ¡Dame mimos!».

Para entender a nuestros gatos, hay que escucharlos. ¡Un gato dispone de más de veinte sonidos diferentes para expresar sus emociones! Cuanto mejor entendáis a vuestros reyes del maullido preferidos, mejor podréis saber cómo se sienten y qué quieren en cada momento.

Frecuencia	Cómo suena	Traducción	¿Qué te dice tu gato?
Muy frecuente	Miau	«Hola» «Quiero comer» «Quiero jugar» «¿Me acaricias?»	Es el sonido más frecuente, melódico. Un clásico. Tiene distintos significados: una navaja multiusos gatuna. Desde una invitación a jugar hasta para pedirnos la cena.
	Miau, miau, miau	«¿No me oyes?» «¡Tengo hambre!» «¡Juega conmigo!» «¡Dame caricias!»	El «maullido martillito». Insistente y más tajante, cuando no lo atendemos. Tu gato está inquieto.
A veces	Prrrp o chirrrp	«¡Ey!»	Lo usa para saludarte. También para saludar a otros gatos amigos. ¡Es un gato o una gata contenta!
	Trrrril	«¡Genial!»	Un sonido corto, alegre y simpático que algunos gatos, como Cooper, hacen cuando están muy contentos por lo que ven, ¡como su latita de atún preferida! Tu gato está feliz y expectante.
	Maaah	«¡Me has asustado!»	Un maullido corto y seco. Cuando sorprendemos a nuestro gato, lo despertamos de la siesta o lo tocamos cuando no lo esperaba. Está un poco sorprendido, ¡pero se le pasa rápido!

Frecuencia	Cómo suena	Traducción	¿Qué te dice tu gato?
A veces	Ufff	«Qué tranquilidad»	Un pequeño suspiro que algunos gatos como Billy Boy hacen tras un momento de tensión o de concentración. ¡Tu gato está aliviado!
Depende del gato	Kkekkekke	«¿Por qué no puedo coger esa mosca?»	Cacareo o castañeteo gatuno. Quiere atrapar la mosca que se ha posado en la ventana, pero no puede. Tu gato está un poco frustrado.
	¡Maaaaaaa-uuuuuuuu!	«¡Tengo mucha hambre!» «¡Me duele la tripa!» «No sé dónde estoy»	El maullido Pavarotti que nos ha enseñado Cabo. Prolongado y profundo. Más frecuente por la noche, y tu gato mira a un punto concreto. Es una queja seria o un lamento. Tu gato se siente frustrado. Si tu gatito tiene doce años o más, puede que esté desorientado. Pedid cita en el veterinario.

Cuanto más observéis su comportamiento, antes aprenderéis a interpretar los soniditos y demás vocalizaciones que conforman **su complejo lenguaje felino.** ¡A licenciarse en filología gatuna!

¡ES BUENO HABLAR CON TU GATO!

—Mi gato Teo es bastante maullador, y cuando maúlla, yo siempre respondo: «¿Qué quieres, Teo?». O le pregunto si está bien, en el tono suave y tranquilo que creo que le gusta. ¡Teo y yo tenemos conversaciones a diario! —me dijo Stella en la consulta el otro día.

Sonrío porque lo que me cuenta es estupendo, y porque yo también hablo mucho con mis gatos. Les doy los buenos días y les digo cosas bonitas en tono dulce: «¿Quién es el gatito más adorable del mundo?», es una de mis frases estrella. A mi gato Travis le gusta tanto que le hable que al escucharme me mira con dulzura y hace la croqueta panza arriba en su camita de cartón.

Stella tiene razón: **a los gatos les gusta que les hablemos, se ponen contentos; los ayuda a estrechar lazos con nosotros e incluso los tranquiliza.** Es más, gracias a un genial estudio de 2020 del Departamento de Psicología Animal de la Universidad de Bari, en Italia, sabemos que los gatos parecen percibir nuestras emociones cuando les hablamos. Si lo hacemos con paciencia, entienden que estamos contentos y tranquilos. Y también todo lo contrario: si elevamos el tono de voz o, peor, gritamos, sienten que algo va mal. Lo único que vamos a conseguir es asustar a nuestros gatos y que nos cojan miedo.

Aunque vuestro gato no entienda todo lo que le decís, hablar de forma suave y cariñosa os ayudará a estrechar la relación con vuestro amigo. La voz calmada es un sonido que lo ayudará a estar relajado y feliz.

Insisto: nada de enfados ni de gritos. Además, los gatos tienen un oído excepcional, muchísimo mejor que el nuestro. Un oído tan sensible que convierte las palabras altas de los humanos en un ruido atronador y terrorífico para ellos.

SUPERPODERES PELUDOS

Cómo oyen el mundo los gatos

Los gatos tienen un oído excepcional que les permite oír aquello que nosotros no percibimos. Este superpoder felino se debe, en parte, a que nuestros gatos tienen dos orejas muy erguidas que, además de ser adorables, funcionan como un par de parabólicas que les permiten captar los sonidos del mundo a un volumen mucho mayor que nosotros.

Cada oreja tiene nada menos que treinta y dos músculos. ¡Los mismos que utilizan para ignorarnos olímpicamente cuando los llamamos! ¿A que sí, gatitos? ¿Gatitos? Bromas aparte, estos músculos les permiten girar las orejas ciento ochenta grados y de forma independiente. Por eso vuestro gatito puede mover una oreja hacia la derecha y la otra en sentido contrario: un superpoder peludo que le permite localizar y situar sonidos a toda velocidad, ¡en menos de un segundo!

El oído humano capta sonidos entre los veinte y lo veinte mil hercios. Los suyos nos superan con mucho en el rango de frecuencias altas: hasta los ochenta y cinco mil hercios, mucho más allá del alcance de nuestros oídos, lo que llamamos «ultrasonidos». Por eso son capaces de captar los chillidos de un ratón, totalmente inaudibles para nosotros. Todo esto hace que sus oídos sean mucho más sensibles que los nuestros. Así que ahora ya sabemos por qué nuestros gatos huyen cuando encendemos la aspiradora. ¡Es como si entrara en el salón una máquina excavadora a todo trapo!

TU PSICÓLOGO BIGOTUDO

No es solo Travis: casi el 80 % de los gatos nos miran en busca de consejo emocional. Por eso tu camarada de ronroneos te mira cuando necesita saber si un objeto nuevo (como un ventilador), un sonido desconocido (como una tormenta) o alguien que ha entrado en casa es divertido o da miedo. Lo veo a diario: **según habléis y actuéis, vuestros gatos se sentirán aliviados en mayor o menor medida.**

Y esto es algo rompedor: parece que **los gatos son expertos en leer nuestras emociones.** Así que, asunto zanjado: ni ariscos ni indiferentes. Los gatos son empáticos, han aprendido a serlo para domesticarse a sí mismos y adaptarse a la vida con nosotros.

Los gatos como Martes, Travis, Teo y Duque han aprendido a hacer algo extraordinario: a comunicarse con nosotros, sus humanos, y a leer nuestras emociones. El maullido en esto es solo una pequeña parte del habla gatuna.

LICENCIA PARA BUFAR

—Sofía maúlla poco, ella más bien bufa. Cuando pasa algo que no le gusta, o está en el jardín y pasa algún gato de la calle cerca, ella avisa: empieza con su «fffffff, fffffff», y se hincha —me cuenta María una mañana.

Sofía es la mayor de sus nueve gatos, todos adoptados o rescatados, una gatita oronda y guapa, de redondos ojos verdes que prefiere la compañía de su humana a la de otros felinos.

Muchos os encontraréis con esta situación, si es que no la habéis vivido ya: vuestra gata bufa cuando alguien intenta tocarla o se acerca demasiado. Suena, en efecto, como un «fffffff, fffffff» o, a veces, como un «chisssssss», esto es, como un chorro de aire que escapa lento por un agujero. Es importante que entendáis que este sonido no esconde agresividad, como oigo en tantas ocasiones. De lo que se trata, en realidad, es de una gata o un gato incomodado o asustado.

Este no es el único sonido que utilizan para comunicarnos que no están a gusto. Los gatos más asustados, como Sofía, pueden ir un poco más allá, y gruñir. **Los gruñidos son, sobre todo, sonidos de miedo o de incomodidad.** Sofía gruñe o bufa para que se alejen y la dejen tranquila porque está asustada, y lo utilizará siempre que crea que es necesario: sea con los gatos que pasan por la calle o con un familiar poco cuidadoso que acaba de llegar a casa e intenta acariciarla. Ya hablaremos de los trucos para saludar a los gatos y caerles bien.

De momento, insisto, quedaos con esto: tanto el bufido como el gruñido esconden miedo o incomodidad, y significan que Sofía prefiere que la dejen sola y tranquila. ¿Quién no se ha sentido igual que Sofía alguna vez?

TRADUCTOR DE BUFIDOS

¿Qué te dice tu gato?

Frecuencia	Cómo suena	Traducción	¿Qué te dice tu gato?
A veces o casi nunca	**Ffffff fffff o chissssss**	«Déjame en paz» «Está asustado o incómodo»	Tu gato bufa para decir que algo o alguien le da miedo y que prefiere estar solo. Está asustado.
	Grrrrrrrr o aggggg	«¡No te acerques!» «Está muy asustado o muy incómodo»	El gruñido gatuno suena agresivo, pero, en realidad, tu gato está muy asustado o muy incómodo. Tiene miedo.

PREGUNTA A EVA

¿Qué hago si mi gato bufa?

Un gato asustado intentará alejarse o ahuyentar aquello que le da miedo o molesta, pero si no lo consigue, puede llegar a arañar o morder. ¡Rebosa adrenalina! Por eso no es buena idea que os acerquéis a vuestro gato cuando bufa o gruñe. En su lugar, seguid estos sencillos consejos:

- Dad a vuestro amigo peludo todo el tiempo que necesite para calmarse.

- No gritéis ni levantéis la voz. Ya lo hemos visto, mantener la calma es esencial para que entienda que no hay por qué tener miedo.
- Asegurad que pueda irse de la habitación y alejarse si lo necesita, que la puerta esté abierta y no haya nadie en medio.
- Dejadle siempre un sitio donde refugiarse. ¡Una caja de cartón es genial! Lo ayudará a relajarse.
- Retirad o apartad lo que le ha dado miedo. ¿Ha sido el sonido del aspirador? Apagadlo y ya lo volveréis a intentar mañana, cuando vuestro amigo esté en su habitación tranquilo.
- Nunca lo castiguéis: solo está asustado. Los gritos o castigos siempre empeoran las cosas, solo lograréis que vuestro amigo os coja miedo.

PREGUNTA A EVA

¿Se puede usar el pulverizador cuando hace algo que no nos gusta?

No, nunca. Insisto: castigar a vuestro gato nunca es una opción, y esto vale también para el pulverizador de agua que, por si fuera poco, emite un ruido muy similar al del bufido, un sonido frecuente en las peleas entre gatos. ¡Le estáis diciendo a vuestro gato que debería tener miedo!

El pulverizador provoca, además, emociones negativas, así que con él solo lograréis romper la relación con vuestro gato. Ya lo sabéis: el pulverizador de agua es estupendo para regar las plantas. Para nada más.

MI GATO ES *PURRR* NEWMAN

Cabo ronronea mientras que Eva le rasca la barbilla. Es señal de que disfruta de sus caricias, y de que está feliz y relajado. ¡El ronroneo es el lenguaje del amor gatuno!

Para las noches de insomnio, tengo un remedio bigotudo: mi gato Cabo se tumba en la almohada sobre mis hombros y me arrulla hasta dormirme con sus ronroneos. Para quienes vivís con un gato ronroneador o un *Purrr* Newman como Cabo, esto que os cuento no es un ningún secreto: esta vibración es una infusión calentita, un fuego crepitante y una hogaza de pan recién horneada. Todo ello enrollado en el suave abrazo de un edredón.

Y aún hay más: el ronroneo es una recompensa emocional; un modo que tienen nuestros gatos de decirnos que los hemos hecho felices, y esto sienta *mejor que bien*.

MISTERIO PELUDO

¿Cómo ronronean los gatos?

Aunque el ronroneo sea uno de los sonidos gatunos más reconocibles, también es uno de los más misteriosos. Nadie sabe a ciencia cierta cómo ronronean los gatos, aunque se sospecha que se origina en el diafragma, cuyo movimiento hace vibrar las cuerdas vocales de nuestros gatitos para producir ese sonido burbujeante, como de motor al ralentí.

Pero sí tenemos certezas sobré qué es el ronroneo. En sentido estricto, se trata de un sonido rítmico, una vibración que oímos cuando nuestro gato inhala y también cuando exhala, sin interrupciones, como la respiración circular, dándole la cadencia rítmica que tanto nos gusta.

Además, tu *Purrr* Newman enciende su motor de ronroneo con la boca totalmente cerrada (técnicamente, se llama «murmullo»), ¡como un pequeño ventrílocuo gatuno! El sonido brota de su adorable cuerpo a unas frecuencias que rondan entre los 25 y los 150 Hz.

EL RONRONEO ES EL LENGUAJE DEL AMOR

Sea cual sea su base mecánica, el ronroneo acompaña a nuestros amigos peludos desde el momento en que nacen. Son capaces de arrancar sus adorables motores a los pocos días de vida, cuando aún son gatitos ciegos y sordos. Los cachorros y sus madres parecen intercambiar estos ronroneos, que funcionan como una forma de comunicación temprana entre ellos. Mensajes burbujeantes gatunos con información crucial, como «tengo hambre» y «¡ey!, aquí viene mamá».

¡Y qué bien sienta! Esta emoción placentera tan temprana puede explicar por qué el ronroneo permanece cuando los gatos son adultos. Este reaparece cada vez que Cabo está contento, bien porque se acurruca junto a su humana preferida (¡qué suerte la mía!) o bien cuando come una sabrosa chuche gatuna de atún.

Los gatos felices como Cabo también ronronean cuando miran plácidamente a través de una ventana soleada, cuando duermen con otro gato amigo, cuando llegamos a casa ¡porque se alegran de vernos! Nos ronronean su amor a los cuatro vientos, y lo prolongan aún más en el tiempo. Para otros felinos, como Cooper, el mero hecho de mirarnos basta para encender el motor. Y, *purrr* supuesto, ronronean cuando reciben unas caricias de su humana o humano preferido.

Todos los que conocemos un *Purrr* Newman somos muy afortunados: **el ronroneo es el lenguaje del amor gatuno.**

PREGUNTA A EVA

¿Y si mi gato no ronronea?

—Eva, pero mi gata Maja no ronronea —me cuenta preocupada Lena, que comparte piso con su panterita al sur de Madrid.

—Aunque no la oigas, Maja ronronea cuando está feliz, pero a un volumen muy bajo. ¿Has intentado escucharla cuando estáis las dos solas y se acurruca a tu lado en el sofá? Estoy segura de que al menos notarás su vibración —la tranquilizo. Y lo sé porque las he visto juntas durante muchas consultas y no tengo duda de que Maja quiere y disfruta de la compañía de su humana.

No todos los gatos ronronean al mismo volumen. Lo oigáis o no, si vuestro gatito se coloca en vuestro regazo, hay muchas posibilidades de que esté ronroneando: es su forma gatuna de compartir un rato de cariños y carantoñas con vosotros, ¡sus humanos preferidos! No escatiméis en mimos. ¡A vuestro gato le encantará que le rasquéis la barbilla y detrás de las orejas!

MI GATITO *PURRR AND DECKER*

Si como mi gato Cabo, tu felino es más bien callado y rara vez recurre al maullido, seguro que intentará decirte lo que necesita de otro modo, y ya habrá encontrado su propia vía peluda de captar tu atención. Cuando lo necesita, Cabo activa su motor y lo pone al máximo de revoluciones: entonces, resuena como un pequeño taladro *Purrr and Decker*.

Se acabaron los abrazos de hogaza de pan: este ronroneo suena urgente, acelerado y contiene picos de frecuencia que, sabemos por la ciencia, ¡son capaces de rozar nuestro subconsciente! Este ronroneo de «solicitación» comparte frecuencias con el llanto del bebé humano, de entre trescientos y seiscientos hercios. ¡Nuestros gatos han aprendido a hacer un sonido que a los humanos nos resulta muy complicado ignorar!

Y funciona. Sonrío a mi *Purrr and Decker* preferido, acaricio su suave cabecita negra y, como si estuviese hipnotizada, me levanto para abrirle su latita de pollo preferida.

MERLÍN: EL CAMPÉON DEL RONRONEO

Como hemos dicho, no todos los gatos ronronean al mismo volumen. Algunos, como Maja, ronronean tan bajo que apenas los oímos. Y, otros, como Cabo, todo lo contrario: vibran tanto que resuenan como pequeñas hormigoneras peludas.

Aunque, cuando se trata de ronroneos intensos, Merlín se lleva la palma. A Merlín, un elegante gato casero inglés, de orejas negras y pecho blanco como la nieve, lo conocimos en 2015 por emitir el ronroneo gatuno más fuerte del mundo. Según el *Libro*

Guinness de los récords, y del equipo de técnicos que acudió a su casa en Devon, en la costa sur de Inglaterra, nada menos que 67,8 decibelios. ¡Un volumen similar al que emite un aire acondicionado, y casi tan fuerte como el que suena durante una ducha o cuando ponemos el lavavajillas! Merlín ronronea tan fuerte que su humana ha contado que lo oye mientras usa el secador de pelo.

Alto o bajo, lo importante es que, en idioma gatuno, el ronroneo significa que nuestro amigo peludo está tranquilo. **Los ronroneos son una señal de felicidad,** y es estupendo oírlos. O, como le digo a Lena, sentirlos.

TRADUCTOR DE RONRONEOS

¿Qué te dice tu gato?

Frecuencia	Cómo suena	Traducción	¿Qué te dice tu gato?
Muy frecuente	Purrrrrrrr	«¡Qué bien estoy!»	Es el ronroneo más frecuente, suave y melódico. Tu gato está feliz y relajado.
	Purrrrrrrrr purrrrrrrrr purrrrrrrrr...	«¡Te he echado de menos!»	Ronroneo más largo, cuando llegas a casa, después de unas horas fuera. Tu amigo suele acompañarlo con estiramiento de cuerpo y roces contra las piernas. Tu gato está muy feliz de verte.

Frecuencia	Cómo suena	Traducción	¿Qué te dice tu gato?
A veces	Puurrrrrrr	«¡Tengo hambre!» «¿Me haces caso?»	Ronroneo más rápido, con picos de sonido, menos melódico. Lo usa para pedirte algo, como comida. Tu gato está inquieto y algo frustrado.
Depende del gato	Purrrrrrrrrrrrrrr	«Me duele» «Tengo miedo»	Ronroneo que algunos gatos hacen, por ejemplo, en el veterinario. Se piensa que puede relajarlos o aliviarles el dolor.

* * *

Hemos aprendido cómo nos hablan los gatos a través de los sonidos, pero existe otro aspecto del idioma gatuno más complicado de entender. Porque los gatos también utilizan el cuerpo, sus orejas y sus colas para comunicarse y decirnos todo lo que nos quieren, a su muy peluda manera.

Capítulo 3

Más que maullidos: el lenguaje corporal de los gatos

Vivir con un gato puede ser tan hermoso como desconcertante. Hemos hablado de maullidos, de ronroneos y hasta de bufidos gatunos. Pero **los gatos tienen otro idioma más sutil para expresarnos sus emociones: el lenguaje de su cuerpo.**

—Sophie me da cabezazos en las piernas y se restriega contra ellas cuando llego a casa, ¿es normal? —me pregunta durante una consulta Álex.

Sophie es una guapísima tigresa de color tierra a la que le encantan las cajas de cartón y, por las tardes, echarse la siesta en la cama con su humano. Yo sonrío. Mi gato Cooper escenifica un ritual muy parecido. Cuando entro por la puerta, Cooper se despereza a su ritmo gatuno. Acto seguido, aparece por la escalera y me mira con sus ojazos verdes. Su bienvenida no termina aquí: ahora Cooper restriega su suave cuerpo blanco y negro con mis piernas y las abraza con su cola. Entre restregón y restregón peludo, me regala insistentes cabezazos de felicidad, uno tras otro, y vuelta a la carga.

PREGUNTA A EVA

¿Por qué mi gato se frota contra mis piernas?

Le digo a Álex que esos cabezazos son la forma cariñosa que tienen los gatos de saludarnos y de decirnos lo contentos que están de vernos. Entonces, Álex abre la boca y exclama:

—¡Anda! No tenía ni idea. ¡Por eso Sophie lo hace cada vez que llego del trabajo!

Estos frotamientos con el lomo y los cabezazos son un abrazo. Es un comportamiento social muy importante: un modo muy gatuno de declarar su amistad. Y los vemos entre gatos amigos. Restregarse les permite compartir su olor con quienes consideran amigos. Además, ocho de cada diez gatos lo practican con nosotros cuando, por ejemplo, llegamos a casa, como ha descubierto un estudio de 2021 realizado por tres expertas en comportamiento felino de dos universidades estadounidenses. Unos bonitos restregones gatunos con los que nuestros amigos más bigotudos nos muestran su cariño y afecto. Ya lo sabéis: ¡son abrazos de amistad!

«LEE MI CARITA»

Los gatos pueden parecer misteriosos y difíciles de leer, y esto es, en parte, porque carecen de los músculos faciales que utilizan los perros y también los humanos para hacer muchos de los gestos más significativos. Músculos que a los humanos nos permiten, por ejemplo, sonreír: una expresión familiar, necesaria y, por tanto, fácil de interpretar. Y que a los perros les permiten poner, entre otras, esa mirada suplicante que nos resulta tan irresistible. Mi adorable y despeluchada Lulú la domina: siempre la usa cuando hace algo que no debería, como robar un trozo de queso en un despiste.

«Lulú, ¡que te he visto!», le digo. Aunque siempre es tarde, todo lo que consigo es esa demoledora mueca *no tan culpable*, con los ojos bien abiertos, las cejas levantadas y la cabeza inclinada, movimiento con el que sabe que me derrite y siempre logra arrancarme una carcajada. Por sorprendente que nos parezca, nuestros amigos perrunos han aprendido a poner «esos ojitos». Sabemos, por la ciencia, que esta irresistible mueca perruna es el resultado de treinta mil años de convivencia con los humanos, ¡y que la usan con el fin de comunicarse mejor con nosotros! Es más: nuestros compañeros perrunos tienen un nuevo músculo en la cara del que carece su ancestro, el lobo (llamado «músculo elevador del ángulo medial del ojo»), que les permite subir los párpados superiores y las cejas de modo muy llamativo. ¡El músculo que utilizan desde entonces para robarnos el corazón!

Sin embargo, cuando miramos a gatos como Sophie, lo único que a veces vemos es una gata que nos devuelve una mirada impasible, y no es cierto: es solo su adorable carita, nada más. La explicación está, una vez más, en la sabana que ya hemos visitado, el hogar del gato africano. ¿Os acordáis? Recordad que este felino es un cazador solitario, y puesto que el viaje desde la sabana hasta nuestro sofá ha sido corto y peculiar, como también hemos aprendido, nuestras bolas de ronroneos aún no tienen un lenguaje facial y social tan elaborado como el nuestro o como el de los perros, ¡que los llevan veinte mil años de ventaja!

Esto no significa que los gatos no nos expresen su amor o su amistad a través de sus caras y también de su lenguaje corporal. ¡Claro que lo hacen! Pero **los gatos tienen su propio idioma.** Un idioma gatuno de gestos y posturas que estamos a punto de descifrar.

TRADUCTOR DE CARITAS

¿Qué te dice tu gato?

La cara de nuestros gatos tiene cuarenta músculos faciales, y con ellos nos dicen más cosas de las que pensamos, porque no dejan de hablarnos con sus ojos, con sus orejas, ¡y hasta con sus adorables bigotes!

Cara	Traducción	¿Cómo se siente?
	«Estoy feliz» «Estoy relajado»	Los ojos de tu gato están abiertos y tienen forma de almendra o son redondos, y las pupilas están relajadas o dilatadas si se emociona, ¡como cuando llegamos a casa! Las orejas están erguidas, puede que algo rotadas. Tu gato está feliz y tranquilo. ¡La carita peluda que todos queremos ver en casa!

Cara	Traducción	¿Cómo se siente?

«Estoy muy contento»
«Estoy muy relajado»

Los ojos de tu príncipe o princesa peluda están cerrados sin tensión. Es la carita que algunas gatas, como Martes, ponen cuando se derriten de placer al sol. Los bigotes están desplegados hacia delante. Tu gato está muy relajado y muy contento.

«Quiero jugar»
«¡Ey!, ¿eso que suena es mi cena?»

Las orejas de tu amigo están levantadas y hacia delante. ¡Aunque pueden rotar si oye un sonido interesante! Los ojitos, algo más abiertos y fijos. ¡Es la carita que pone Travis cuando abro su lata de pollo preferida! Tu gato está atento y expectante.

«¿Ostras, ¿has oído eso?»
«Estoy incómodo»
«Ya te vas, ¿verdad?»

Tu gato tiene los ojos fijos en aquello que lo preocupa o molesta, como un sonido repentino o un gato con el que no se lleva bien y que se acerca. Las orejitas se separan y se amusgan un poco. Es la carita que pone Travis cuando la cartera llama a la puerta. ¡Qué poco le gustan las sorpresas! Tu gato está incómodo.

«Estoy preocupado»
«En serio, ¿qué es eso que suena»
«¿Todavía no te has ido?»

Los ojitos de tu amigo o amiga están muy abiertos y las pupilas más dilatadas. Las orejas algo amusgadas. Está tenso, ansioso y, a estas alturas, preocupado.

Cara	Traducción	¿Cómo se siente?

«Esto no me gusta»
«Estoy asustado»
«Vete»

Tu gato aplana las orejas hacia los lados, intenta reducir su tamaño y, ojalá, pasar desapercibido. Tu gato está asustado.

«Estoy muy asustado»
«Déjame tranquilo»
«Vete»

Echa las orejas hacia detrás y las amusga por completo: se está preparando para defenderse. Cuanto más aplane las orejas, más asustado está. ¡A veces casi las hacen desaparecer! Y puede que enseñe los dientes: ojo, los usará si lo necesita. Tu gatito está muy incómodo o asustado.

No intentes calmarlo: deja que se vaya a un sitio tranquilo para que pueda tranquilizarse solo.

SUPERPODERES PELUDOS

El secreto de mis bigotes

Seguro que todos nos hemos dado cuenta: los gatos son unos bigotudos adorables, ¿a que sí? Esta obviedad cae *por su propio pelo*. Pero ¿sabíais que vuestros gatos tienen un total de veinticuatro pelos gruesos, como los que tienen a cada lado de la cara, sobre la boca, repartidos por el cuerpo? El número exacto puede variar (si se les ha caído alguno), y no solo cuentan esos deliciosos pelos gruesos que tienen en las mejillas. Los gatos tienen bigotes encima de sus ojos: no, no son pestañas largas. ¡Y también detrás de sus patas delanteras!

No son pelo del montón. **Los pelos de los bigotes gatunos (técnicamente, *vibrisas*) son dos veces más gruesos que un pelo normal, y se insertan en la piel al triple de profundidad. Además, la base de cada pelo bigotudo está rodeada de terminaciones nerviosas. Todo esto convierte a los bigotes gatunos en un órgano sensorial propio y muy sensible; tanto, que pueden detectar movimiento y hasta las corrientes de aire más suaves antes de que haya contacto.**

Más sorpresas: los gatos también utilizan los bigotes para hablarnos. Esto es posible porque los bigotes de las mejillas están insertados en almohadillas autónomas, por lo que nuestros amigos pueden usarlos de forma independiente y sin mover la boca. Pueden echarlos hacia atrás o alargarlos hacia delante. Incluso girarlos y acercarlos a las orejas, y esto dice mucho de las emociones de nuestros gatos.

Quedaos con esto: si, por un lado, vuestro amigo baja los bigotes o los apretuja hacia detrás, está intentando parecer más pequeño: es un gato triste o asustado. Por el otro, unos hermosos bigotes gatunos desplegados hacia delante como un abanico son los de un gato contento y tranquilo. Estos son los bigotes que luce mi gata Frida ahora, mientras escribo esto, y ella explora confiada y pizpireta nuestro salón ¡como la tigresa feliz que es!

PREGUNTA A EVA

¿Por qué mi gato no deja de mirarme?

—Nuestro gato Otto nos mira todo el tiempo. En cuanto se levanta de la siesta, se acerca al sofá y nos observa. Tal vez maúlla, pero es un maullido corto. Después espera sentado, sin dejar de mirarnos, hasta que nos levantamos a darle la cena o sacamos su juguete preferido. No siempre sabemos qué nos dice Otto con su mirada o qué necesita —me cuenta intrigada Fabia durante una consulta de comportamiento por videollamada.

Mientras hablamos, Otto, que tiene doce años, el cuerpo atlético y una deliciosa nariz color marrón, se ha acomodado frente a la pantalla del portátil de su humana, a la altura de su cara. Con paciencia y elegancia gatuna, fija sus ojazos azules en ella. ¿Os suena?

Muchos de vosotros me preguntáis qué quieren vuestros gatos cuando os miran. Porque no todas las miradas peludas son iguales, y puede que os preguntéis si os está pidiendo la cena o si tal vez hay algo más. Pues bien: nuestros camaradas de ronroneos nos miran, sobre todo, para recopilar información.

«¿A qué hora se levanta mi humana para ponerme el desayuno?», «¿Es ese el cajón donde guarda mi ratón de peluche preferido? ¡Miau!», «¿Estará libre mi humano para rascarme la barbilla como a mí me gusta, *purrr* favor?», se preguntan vuestros gatos mientras os observan.

Así que esas miradas gatunas les sirven, sobre todo, para conocernos y recoger información relevante sobre nosotros que les permita anticipar nuestro próximo movimiento, y cuando nos acerquemos al armario de las chuches, ¡poder estar preparados! Insisto: nuestros gatos son unos psicólogos peludos *miauravillosos*.

GUERRA DE MIRADAS: *EL BUENO, EL FEO Y EL GATO*

En la consulta suelo preguntar a mis clientes humanos:

—¿Y qué haces cuando tu gatito te mira durante un buen rato?

—Uy, a veces le devuelvo la mirada, fija, y espero a que se rinda y parpadee. ¡Aunque es muy difícil ganar a un gato en la guerra de miradas! —me suelen contestar.

Y yo suspiro, porque ese intercambio de miradas fijas con nuestros gatos no es tan divertido como parece.

El problema es que la guerra de miradas que puede resultarnos inofensiva y simpática, jugar a *El bueno, el feo y el gato*, puede incomodar a nuestros amigos ronroneantes. **A los humanos, mirarnos a los ojos nos resulta natural. Pero para los gatos, mirarse de forma insistente a los ojos constituye una señal de desafío o de alerta,** un *Duelo al sol*. Incluso puede ser el desencadenante de una pelea, si son dos gatos que no se llevan demasiado bien. Y cuando dos gatos se miran fijamente a los ojos durante, pongamos, más de tres segundos, empiezan los problemas. Ya lo sabéis, es **todo lo contrario a un gesto cariñoso o amable.**

No es exclusivo de nuestros amigos peludos: en la mayoría de los encuentros entre animales, una mirada fija es señal de agresividad inminente, un desafío; un modo peludo de decir: «Vete.

No quiero que te acerques. En este pueblo no hay sitio para los dos, forastero».

Ahora, ya lo sabemos: evitemos las guerras de miradas con nuestros gatos. Esto no significa que no podamos mirarlos a los ojos, pero preferirán que pongamos una mirada suave, relajada y que parpadeemos despacio y con frecuencia.

«BÉSAME, ¡CON ESOS OJAZOS!»

Billy entrecierra los ojos mientras mira a Eva. Con este ligero parpadeo, le expresa su confianza y cariño. Un beso gatuno de amistad.

—Con mi gatita Joi tengo conversaciones todos los días. No solo con maullidos y palabras. También nos miramos con parpadeos: ella cierra los ojos despacio y yo contesto con otro parpadeo. Así pasamos un buen rato —me cuenta Maribel durante otra consulta, cuando hablamos de la relación que mantiene con Joi.

Joi es su preciosa gatita tricolor de enormes ojos verdes, a la que le gusta pasar las tardes en el ático de Barcelona que Maribel ha protegido con una red alta enganchada a una decena de postes. Esta red recorre todo el perímetro no solo para Joi, sino también para sus otros cinco hermanos gatunos.

Esto es otra cosa muy distinta. **Hay un gesto felino que denota que los gatos nos quieren y con el que nos muestran su afecto más sincero: el lento guiño de sus ojos. Lo llamamos** *parpadeo lento*, y se trata de un beso en versión felina. Los

gatos lo hacen cuando se sienten tranquilos, felices y confían en nosotros.

Esa mirada gatuna suave a los ojos, incluso seguida de algún parpadeo, es un modo de decirnos cuánto nos quieren, ¡a su felina manera!

TRUCO GATUNO DE EVA

Cómo practicar el parpadeo lento

No intentemos devolverles una mirada sostenida. En su lugar, probemos una mirada suave y unos parpadeos muy lentos. Mejor aún: giremos un poco la cabeza hacia un lado a la vez que lo practicamos. En idioma gatuno, esto significa que estamos tranquilos. Entonces, nuestros amigos peludos lo notarán y los ayudaremos a sentirse más relajados y felices a nuestro lado. Y, si tenemos suerte, ¡nuestra gatita o gatito nos devolverá el gesto!

Y ESA COLA, ¿QUÉ ME DICE?

Los gatos también nos hablan con su cola. De hecho, podemos mirarla como si fuese un libro abierto gatuno lleno de mensajes peludos y emociones que podemos aprender a interpretar. El caso es que este mensaje gatuno de la cola depende mucho de su posición, su movimiento, de si está curvada o estirada, incluso de su tamaño.

¡COLA ARRIBA! AHÍ VIENE UNA GATA FELIZ

Os habrá pasado que vuestro gato se os acerca con la cola en alto, apuntando hacia el techo. Puede que acabéis de llegar a casa o que lo estéis llamando porque la cena está lista. Os suena, ¿verdad? O tal vez viene con la cola vertical y la punta un poco curvada, formando un sinuoso signo de interrogación peludo. No hay duda: en ambos casos, lo que tenemos delante es un gato feliz.

Esa cola erguida, en alto, es un *hola* felino. También un «eh, humano, cómo estás». Su portador o portadora peluda os dice que está contenta de veros, que se siente feliz y deseosa de interactuar con su humana o humano preferido.

Mi gata Martes, alias Princesa o Martillito Peludo, va una pata más allá. En cuanto suena el despertador, salta a mi cama con sus ojazos de almendra bien abiertos, tan grandes que apenas le caben en la cara. Entona su enérgico maullido de «buenos días» (ya os he hablado del maullido martillito, ¿os acordáis?). Esto lo hace, preferentemente, en mi oído y, *purrr* supuesto, trae la cola en alto, ¡mástil y bandera del reino peludo feliz!

Ahí no se acaba la cosa: acto seguido se cuela en el baño y, con la puerta cerrada, a solas las dos, el éxtasis de felicidad peluda nos desborda, sin importarnos que sean las siete de la mañana. Martes maúlla y maúlla, y ahora agita su colita que, a estas alturas, más que una bandera gatuna se ha transformado en la antena de un theremín peludo requetefeliz. A lo mejor algunos os acordáis de este popular instrumento electrónico que inauguró la era de la música electrónica: una antena vibratoria que se controla sin que el intérprete lo toque físicamente, que aún se utiliza en algunos temas de música de rock psicodélico. Así que ya tenemos nombre para esa cola vibrante de felicidad desbordante: ¡el theremín gatuno! **Mi truco peludo: la próxima vez que nuestra gatita se acerque con la cola en alto o con su cola theremín, dejaos querer.** Proponedle un rato de juego felino o abandonaos a una sesión de caricias y arrumacos. ¿Acaso importa que nos pille en el baño?

PREGUNTA A EVA

¿Por qué mi gato me abraza con la cola?

¿Os acordáis de los abrazos de cola de Cooper cuando llego a casa, de los que ya os he hablado? Para entender a nuestros gatos, resulta de gran utilidad estudiar cómo se comportan los felinos en sus interacciones sociales con otros amigos felinos, y aquí va una señal gatuna inequívoca de amistad: el abrazo con la cola.

No solo nos los dedican a nosotros. Cuando dos gatos amigos se saludan, también entrecruzan sus colas. Cooper lo hace conmigo. Pero también con sus superamigos gatunos Billy Boy y Brackett Omensetter. Este abrazo de cola es un saludo afectuoso lleno de cariño, así como un modo que tienen nuestros gatos de declararnos y declararse su amor.

COLA GATUNA ERIZADA: UN PASO ATRÁS

—A Txomi no le gustan los sonidos fuertes. Cuando hay ruidos en la calle o se me cae algo al suelo, hincha el rabito y el pelo de la espalda se le ahueca —me dice otro día Oihane, que comparte su vida con Txomi, un dulce tigretón naranja, en un apartamento en pleno centro de Bilbao.

Este de Txomi es un mensaje que no debéis malinterpretar: la cola erizada. De hecho, cuando este gatito de Oihane o vuestro camarada peludo se asusta, veis cómo su cola se eriza y casi duplica su tamaño. Ya sé que impresiona, pero no os lo toméis como algo personal: un gato con miedo lo que básicamente intenta hacer es parecer más grande de lo que realmente es. De hecho, como dice Oihane, no solo eriza su cola. También suele erizarse el pelo de su espalda. A esto lo llamamos *piloerección*.

Puede que Txomi haya visto otro felino por la ventana de su apartamento o que lo haya olido, pero también puede suceder cuando oye un sonido fuerte e inesperado en la calle o dentro de casa, como una aspiradora encendida. No hay maldad ni rencor por su parte: vuestro gato sencillamente está aterrorizado e intenta parecer más grande de lo que en realidad sabe que es.

«¡SOY ENORME!»

Un gato asustado solo intenta parecer más grande. De ahí la clásica postura del gato de Halloween, en la que aparece erizado e hinchado e incluso de perfil, mostrando todo su costado. Todo con tal de parecer más grande. Esta postura solemos verla más cuando un gato pelea con otros animales e intenta echarse un farol. Si oyéramos la jugada gatuna, tu gatito diría algo como «soy grande y doy mucho miedo. No te conviene luchar conmigo». Así que, cuando nuestro gato tiene miedo o está asustado, es muy probable que erice su cola, que puede duplicar su tamaño.

Insisto: no os acerquéis a un gato asustado, porque todo ese miedo puede transformarse en un arañazo o un mordisco. ¿Quién no haría lo mismo? Al contrario, intentad dejar a vuestro gato solo y tranquilo y proporcionadle un refugio, como una caja de cartón o una habitación silenciosa, donde pueda calmarse a su ritmo.

«¡SOY DIMINUTO! ¡NO ESTOY!»

Ahora veremos otras posturas que los gatos adoptan cuando tienen miedo, pues no solo se limitan a esconderse, sino también a encoger, ocultar su cola, hacerse un ovillo. De este modo los gatos intentan parecer más pequeños. De todas formas, hay más cosas que nuestros gatos nos dicen con su adorable cola.

TRADUCTOR DE COLAS GATUNAS

¿Qué te dice tu gato?

 Martes (detrás) y Travis vigilan a una mosca incauta que ha entrado en el salón. Ambos menean y sacuden la punta de su cola: están intrigados e interesados. «¿Será divertida?», «¿Podremos cogerla?», se están preguntando.

Para entender cómo se sienten nuestros gatos, tenemos que observarlos, y sus colas son un libro abierto en el que podemos leer mensajes y emociones gatunas.

Contento

«Hola»
«Eh, ¿qué tal?»
«¡La latita está por aquí, sígueme!»

La cola en alto o con la punta doblada en signo de interrogación. Tu gato está feliz. Es una invitación a interactuar y un acercamiento amigable. Si la usa cuando llegas a casa, ¡sabes que está de buen humor y contento de verte! ¡Bandera peluda y feliz!

Emocionado

«Estoy supercontento»
«¡Qué emoción!»
«¡Quiero estar contigo!»

La cola theremín. La cola de tu amiga está en alto, además, vibra de felicidad. La cola que pone Martes cuando está muy emocionada. ¡Un gran cumplido! ¿La habéis visto en vuestros gatos?

Cariñoso

«¡Te he echado de menos!»
«¡Somos amigos!»
«Te quiero»

El abrazo gatuno de cola. Un saludo lleno de cariño y una señal inequívoca de amistad. También la usan para saludar a otros gatos amigos. Una declaración de amor peludo.

Tranquilo

«Estoy bien»
«Todo en orden»

Intrigado

«¿Qué es eso?»
«¿Será interesante?
«¿Estará rico?»

Inquieto

«Estoy incómodo»
«Estoy molesto»

Tranquilo

Cola más o menos horizontal. Es una posición neutral, amistosa. También la vemos cuando nuestro tigre explora su territorio (nuestro salón) con calma y parsimonia. Tu gato está relajado y tranquilo.

Intrigado

La punta de la cola de tu amigo se menea y sacude, pero solo la punta. Está intrigado o interesado en algo. Sucede cuando mira por la ventana y ve algo que le llama la atención. «¿Será un insecto divertido? ¿Podré cogerlo?»

Inquieto

Tu gato sacude toda la cola, la menea de un lado a otro. Está incómodo, agitado o inquieto, y prefiere que dejes de acariciarlo. Necesita espacio peludo, *purrr* favor.

Preocupado

Asustado

Aterrorizado

«Estoy preocupado»
«Esto no me gusta»
«¿Dónde me escondo?»

Tu amigo esconde la cola entre las patas o la enrosca pegada al cuerpo. Está preocupado, algo no le gusta. También puede tener miedo e intenta parecer más pequeño. «A ver si así no me ven.»

«¡Vaya susto!»
«¿Quién demonios eres?»
«Vete»

La cola de tu gato se eriza y aumenta de tamaño. ¡Parece un algodón de caramelo! Acaba de darse un susto importante. Puede que haya sonado el telefonillo de la calle o que un plato haya caído al suelo. Sea lo que sea, no le gusta. Está asustado e incómodo. Necesita un lugar silencioso y que lo dejemos tranquilo.

«Estoy superasustado»
«Desaparece»
«Vete ¡ya!»

La cola se eriza y duplica su tamaño. También el pelo de la espalda se hincha y aumenta su volumen. No se trata de un peinado afro molón: nuestro gato está realmente aterrorizado, y hasta puede colocar su cuerpo de lado. ¡Todo con tal de parecer más grande de lo que es! Está muy asustado e incómodo. Necesita espacio, silencio.

Ahora bien, cada gato es un mundo y esta máxima es válida para el movimiento de su cola y lo que nos dice con ella. Hay gatos con colas más bailonas, que la menean incluso cuando están relajados y otros más panchos. Por eso es buena idea observar a nuestros amigos ronroneantes: cuanto mejor los conozcamos, mejor podremos interpretar estos mensajes y mejor entenderemos cómo se sienten y qué nos dicen con ellos.

POSES GATUNAS

Para saber si nuestro gato es feliz y está relajado, también podemos fijarnos en su postura cuando está tumbado.

Un gato feliz y tranquilo se tumbará sobre su costado o con las patas dobladas, en esa postura tan deliciosa que nos recuerda a una hogaza de pan, como si incubara un huevo. ¿A quién no le gusta ver a su gatito así? Pues tenéis razón: estas posturas nos dicen que nuestro amigo está tranquilo.

Pensadlo de este modo: sus patas no están preparadas para salir corriendo en cualquier momento. No contempla esta posibilidad porque, seguramente, esté disfrutando del sol. Además, un gato relajado también es muy posible que ronronee.

Y lo contrario: un gatito inseguro o intranquilo tendrá una postura más encogida y tensa, con las patas apoyadas en el suelo para poder escapar si hace falta y poner *pelos en polvorosa*.

LA CROQUETA PELUDA

—Eva, hay una cosa de mi gato Hollín que me hace mucha gracia: cuando quiere jugar y se pone nerviosillo porque quiere juego, hace la croqueta y se queda ahí panza arriba: ¡preparado para jugar! —me dice Rafa.

—¿Y tú qué haces cuando te enseña la pancita? ¿Sacas el juguete o intentas antes acariciarle la tripa? —pregunto, expectante.

—¡No! Ya no se me ocurre acariciarle la tripa. ¡Cada vez que lo he intentado he acabado con las manos llenas de arañazos!

—¡Bingo! —Ahí quería llegar.

Esa bonita croqueta gatuna con la que los gatos dejan su irresistible tripa al descubierto es un *hola* gatuno muy cariñoso. Significa: «Estoy tan a gusto y tan feliz de verte, humana, que me tiro al suelo y hago la croqueta». Y sabemos que es un comportamiento positivo, de cariño y confianza, porque la tripa es una de las partes más vulnerables de nuestros gatos, ¡y nuestro felino nunca se la enseñaría a alguien de quien desconfiara! Literalmente, estaría poniendo su vida en peligro.

No es una invitación a rascar esas suaves barriguitas, y lo digo porque muchos interpretan este *hola* gatuno feliz de forma equivocada: como una invitación a acariciar la barriga. **La tripa es una de las partes más sensibles de nuestros gatos, y también una de las zonas de su cuerpo que, normalmente, menos les gusta que les acariciemos.** No a todos, claro, porque siempre hay excepciones, pero sí a la inmensa mayoría. ¡Y podemos acabar con un arañazo...!

Ahora, ya lo sabemos: la próxima vez que nuestro gato nos haga la croqueta peluda y nos enseñe su adorable tripita, tomémoslo como lo que es: un «estoy muy feliz de verte». Y, en lugar de lanzarnos sobre su tripa y acabar recibiendo un *muuuuy* merecido mordisco, respondamos en correcto idioma gatuno: ya hablaremos de esto, porque es esencial para hacer feliz a nuestros gatos. Pero, de momento, quedaos con esto: ¡unas simples y delicadas caricias en la barbilla son *miauravillosas*!

TRADUCTOR DE POSTURAS FELINAS

¿Qué te dice tu gato

Billy duerme con la tripa hacia arriba: una postura muy relajada. Billy se encuentra a gusto y contento

«Estoy muy relajado»

Las patas de tu amigo están a un lado y enseña la tripa.

«Eres mi humano, ¡qué suerte!»

Tu amigo se frota con tus piernas: es un abrazo gatuno y una declaración de amistad peluda.

«Estoy tan a gusto y tan feliz de verte»

Tu amigo hace la croqueta y se queda con la tripa hacia arriba. Es un hola gatuno muy cariñoso: no una invitación para acariciarle la barriga.

«Estoy muy tranquilo»

«Estoy superrelajado»

«Estoy incómodo»

Es la hogaza gatuna. Tu gatita ha doblado las patas o las guarda debajo de su cuerpo. Está muy relajada.

Tu gato duerme enroscado, hecho un roscón. Tu amigo ronroneante está muy relajado.

Tu amigo tiene una postura tensa y los pies pegados al suelo, ¡listo para salir disparado si hace falta!

EN RESUMEN: «TE QUIERO»

Hemos aprendido que los gatos tienen su propio lenguaje y también modos peludos y únicos de declararnos su amistad gatuna y su amor *a los cuatro pelos*.

- **Parpadea lento:** un gato feliz parpadea despacio en la presencia de un humano al que aprecia y quiere. Podéis replicar ese gesto para ayudar a que vuestro gato se sienta feliz a vuestro lado.
- **Se frota con nosotros:** nuestro gato se comporta de un modo muy parecido a como lo haría con un felino amigo. Cuando se frota con nuestras piernas y nos da cabezazos, nos dice que nos quiere, que nos considera su amigo.
- **Nos sigue por la casa:** es su forma de estar cerca de nosotros, de buscar nuestra compañía.

- **Nos masajea con las patas:** es un comportamiento infantil que los cachorros usan para obtener leche de su madre. Un gato adulto que lo practica con nosotros nos dice que a nuestro lado se siente tan cómodo como con su madre.
- **Esos maullidos...:** es su forma cariñosa de hablarnos y de hacernos saber que quiere algo de nosotros.
- **Duerme con nosotros:** cuando un gato se siente tranquilo con otro gato muestra su cariño durmiendo a su lado, y lo usa como almohada peluda. O se enroscan en un adorable roscón gatuno, como Cooper con Brackett Omensetter. Ahora ya sabéis por qué nuestros gatos duermen encima de nosotros.
- **Con la cola en modo theremín:** un *hola* gatuno afectuoso. ¡Nuestro amigo está feliz de vernos!
- **Nos enseña su tripa:** es la parte de su cuerpo más vulnerable. Cuando nos la enseña no es para que se la acariciemos: al contrario, es un saludo, un modo de decir lo feliz que está de vernos, cuánto confía en nosotros ¡y todo lo que nos quiere!

Vivir entre humanos está forzando a nuestros felinos a comunicarse más, a aprender nuevas estrategias para hacerse entender, ¡y vaya si lo consiguen! También a encontrar sorprendentes formas de captar nuestra atención y de decirnos lo que necesitan para ser felices.

Ahora ya sabemos que el lenguaje gatuno puede ser sutil, y que con algo tan pequeño como un ligero parpadeo de ojos, nuestros colegas de cuatro patas son capaces de expresar algo enorme: que nos hemos ganado su confianza y su amor. **Un tipo de amistad peluda que merece la pena.**

Parte II

GATIFICAR: UN HOGAR PARA GATOS FELICES

Capítulo 4

Tu casa es mi sabana

«TU CASA ES MI SABANA»

Ya hemos resuelto el misterio del amor peludo, los gatos nos quieren ¡y mucho! Y, *purrr* supuesto, también pueden crear lazos de amistad con otros animales: otros gatos o perros o cabras. Pero antes de todo esto, nuestros tigretones y tigresas necesitan sentirse tranquilos y felices en su espacio, o sea, ¡en nuestras casas!

—Yo odiaba los rascadores de sisal, y pensaba que no podía meterlos en casa. No quiero tener mi casa llena de artilugios horribles y feos, porque me vuelvo loca —me confiesa un día Susana, que vive con sus gatos Cucu y Pichu en Santiago de Compostela.

—¿Y qué te ha hecho cambiar de opinión? —le pregunté, tras varias sesiones de trabajo con ella y con sus gatos.

La transformación saltaba a la vista. Mientras que nosotras hablábamos, Cucu y Pichu tomaban el sol encaramados sobre su nuevo árbol rascador de sisal de dos metros de altura. Susana lo había colocado de forma estratégica frente a la ventana del salón.

Justo el tipo de mueble gatuno que prometió «no meter nunca en casa».

—En tus consultas, me di cuenta de que no estaba entendiendo a mis gatos. Solo miraba por la estética de mi casa y por mi comodidad. No estaba teniendo en cuenta el bienestar y las necesidades de Cucu y Pichu: ellos no estaban a gusto en su espacio.

La primera clave para hacer felices a nuestros gatos es lograr que se sientan en casa. Necesitan un espacio propio en el que sentirse bien y seguros. ¡Exactamente como lo necesitamos nosotros! Ya sea en un trozo de la sabana, como en la que vive nuestro amigo el gato norteafricano (al que hemos acompañado en varios viajes) o el salón de nuestra casa.

NOS VAMOS DE VIAJE, ¡PONEOS LAS GATIGAFAS!

A Billy, el tigretón dulce y gris con el que vivo, le gusta perseguir pequeños insectos y reptiles, moscas y lagartijas principalmente, que se aventuran a entrar en casa. Los acecha, escondido tras el sofá, con sigilo y paciencia. Cuando al fin los captura, los patea varias veces con las zarpas delanteras sin piedad y se los zampa. Después, con el estómago y el ego peludo satisfechos, Billy trepa por el barril de madera de más de un metro, y forrado de cuerda, que hay a la derecha del sofá y sube hasta la cima, donde está su cama *purrrfecta*. Allí celebra su hazaña con una buena siesta, que no interrumpirá mientras el sol entre por la ventana y caliente su cama.

A simple vista, puede que solo veamos un gatito feliz sesteando en el salón, y es verdad (en parte): Billy es un gato feliz que se tuesta al sol. Pero hay más. Aunque para verlo, necesitamos ponernos las gatigafas. Os acordáis de ellas, ¿verdad? Son las gafas con superpoderes peludos que nos ayudan a ver el mundo como lo ven nuestros gatos, y que ya usamos anteriormente para entender por qué nos maúllan cuándo estamos frente al ordenador, sin hacerles ningún caso. ¿Lleváis ya puestas las gatigafas? Pues bien, ahora veréis mejor lo que quiero contaros.

Hay mucho más que un sofá y un salón. Recordad que nuestros gatos aún tienen sus instintos muy despiertos. Con las gatigafas puestas, más que un salón, vemos una sabana y al tigretón feliz que, tras capturar su desayuno, sestea en la rama de su árbol preferido. Echemos otro vistazo. Desde ahí arriba, las vistas son privilegiadas: nadie puede cruzar el salón, perdón, la sabana de Billy, sin ser escrutado por su atenta mirada ambarina. Así que ya lo sabéis: lo que tenemos delante es un tigretón al sol, pero también un tigretón seguro que tiene su territorio muy bien controlado. ¡Justo lo que necesita Billy para ser feliz!

EL REY PELUDO DE TU SALÓN

Billy, como todos nuestros compis peludos, necesita saber que el salón, su sabana, le pertenece, y que en ese pedacito del mundo lo tiene todo controlado.

—No tengo ninguna duda: la casa es de mis dos gatos, Simba y Bagheera. Ellos deciden cuándo se come, dónde van a echarse la siesta y si es la hora de jugar. ¡Yo solo pago el alquiler! —bromea

Ignacio durante una consulta de comportamiento felino. En ella le aconsejo cambios necesarios en el entorno de sus tigretones para ayudarlo a mejorar la relación entre ellos y que dejen de pelearse.

Lo cierto es que Ignacio cuenta su situación como un chiste divertido e inofensivo, pero no le falta razón. **Para nuestros gatos, tan importantes somos nosotros, sus humanos, como el espacio donde viven. Para ser felices, nuestros amigos necesitan sentirse seguros en su territorio, es decir, en nuestra casa. Saber que es suya.**

«ESTO ES MÍO, ESTOY EN CASA»

No es ni bueno ni malo: nuestros gatos son territoriales. ¡Es lo que les dicta su genética! Cuando eres un felino, el territorio lo es todo para ti. Si dependes de ti mismo para no morirte de hambre y sobrevivir ahí fuera, es lógico que defender tu territorio se convierta en una prioridad, una cuestión de vida o muerte.

Da igual si eres un león de doscientos kilos o una bella pantera negra de ochenta. También se aplica si eres un gato salvaje en la sabana africana o un hermoso lince que recorre el Parque Nacional de Doñana. Y, *purrr* supuesto, es igualmente lo mismo para Billy, que vive en la sabana de mi salón, o para Simba y Bagheera, que se disputan el territorio, *su sabana* o *su salón* con peleas, si hace falta.

Incluso ahora, cuando la mayoría de los gatos consiguen su alimento a través de sus queridos humanos, tener un sitio seguro donde vivir aún constituye una prioridad: nuestra casa se erige como ese espacio donde pueden sentirse tran-

quilos, donde tienen su fuente de alimento y cariño (nosotros) y donde se saben protegidos del ataque de otro animal.

Sea la sabana, el parque de Doñana o el salón de nuestra casa, todos los gatos necesitan saber que ese trozo del mundo en el que duermen, donde comen y juegan, les pertenece.

HOGAR, DULCE HOGAR (PELUDO)

Como todos los felinos, lo más importante para nuestras bolas de ronroneos es sentir que el espacio es suyo. ¿No es lo que todos necesitamos? Lo digo porque antes que sentirse felices a nuestro lado, o crear lazos de amistad con otros animales, lo primero que necesitan es sentirse cómodos en su terreno, nuestras casas. Es su sitio seguro, donde necesitan maullar tranquilos eso de «al fin en casa»; «hogar, dulce hogar», que diríamos nosotros. Aunque en idioma gatuno sonaría más bien: «Miau, dulce miau».

GATIFICAR: UN HOGAR PARA GATOS FELICES

Una noche de insomnio, le daba vueltas a cómo expresar de forma sencilla lo importante que es el territorio para nuestros gatos y por qué soy tan insistente con la idea de adaptarlo para que sean felices. Durante las consultas de comportamiento felino, me he acostumbrado a usar una palabra para esto: *gatificar*. Cuando la pronuncio, espero su reacción. Los primeros segundos, mis clientes suelen fruñir el ceño y poner cara de póker.

—¿Gatificar el salón? —soléis preguntar quienes acudís a la consulta felina.

—Eso es, gatificar vuestro salón —respondo con paciencia y con una buena sonrisa.

Luego explico a qué me refiero con gatificar, que no es otra cosa que diseñar una casa no solo para humanos, sino también para que nuestros gatos puedan sentirse seguros y felices. Tras explicarlo, enseguida detecto el interés. Así que yo sigo: «Voy a ayudaros a gatificar vuestra casa. A crear espacios en los que vuestros gatos tengan todo lo que necesitan y puedan comportarse del modo que les es natural. ¡Veréis que se sienten más tranquilos y felices!».

¡Miau! La palabra mágica surte efecto. En las consultas siguientes, mis clientes humanos ya usan las palabras *gatificar* y *gatificación* con naturalidad, y hablamos de cómo organizar sus areneros, de los rascadores, de las camas gatunas y de las zonas altas para sus gatos. Consulta a consulta, sus gatos empiezan a sentirse tranquilos y los problemas que antes había (orines fuera del arenero, maullidos nocturnos, peleas con otros hermanos peludos, son solo algunos de ellos) comienzan a diluirse o, como mínimo, a reducirse.

Es la palabra que todos los que vivís con gatos necesitáis incorporar y poner en práctica, *gatificar*.

«EVA, ESOS MUEBLES PARA GATOS ME HORRORIZAN»

Me sigue haciendo gracia cuando intento resolver un problema de comportamiento de un gato, y su humano o su humana me dice:

—¿Poner rascadores en el salón? Eva, es que esas torres de sisal me horrorizan, no quiero que mi casa esté llena de cosas de gatos. No quiero que parezca una casa en la que viven gatos.

Yo sonrío con paciencia. Aunque lo que de verdad me gustaría responder es: «Pero, entonces, ¿por qué vives con gatos?».

—Vamos paso a paso —les digo, mientras examino sus salones y empiezo a comprender los motivos que llevan a Cucu a hacerse pis fuera de su arenero; por qué Simba y Bagheera se pelean y no se sienten cómodos en casa o por qué Ringo despierta a sus humanos en mitad de la noche.

Si queremos compartir nuestro espacio con ellos, vamos a tener que gatificarlo. Su felicidad depende de ello. **Cuando pensemos en gatificar nuestros hogares y convertirlos en un espacio más cómodo e interesante para nuestros amigos peludos, lo primero es aceptar que nuestra casa va a cambiar, ¡y mucho!**

DIEZ IDEAS PARA UNA CASA RONRONEANTE

De momento, quedaros con estas diez ideas ronroneantes.

1. **Teles gatunas:** proteged las ventanas que necesitéis abrir con redes para gatos o una mosquitera segura. Vuestros gatos podrán ver a través de ellas los pájaros e insectos que pasen por delante. ¡Son las mejores teles gatunas! (ver **Diccionario peludo: televisión gatuna,** en el capítulo 6).
2. **Árbol en la sabana, ¡mi salón!** Es un sitio alto al que trepar y donde dormir a pata suelta, ¡como Billy sobre su árbol del

sofá! Les permite controlar su territorio. Siempre es mejor si colocáis el «árbol» junto a una ventana por la que entre más el sol (ver **Un árbol para trepar a la cima del mundo,** en el capítulo 6).

3. **Rascador *purrrfecto*.** Si el árbol gatuno tiene el tronco de un material como cuerda o madera, vuestro tigretón o tigresa podrá rascarlo, ¡un comportamiento gatuno natural! Y podrá dejar su olor en él. Es su forma de marcar y decir: «Esto es mío, estoy en casa» (ver **Busca del rascador *purrrfecto,*** en el capítulo 5).

4. **Refugio ronroneante.** Vuestro tigretón necesita sitios pequeños como cajas, túneles y cuevitas, donde ocultarse y descansar cuando quiere tranquilidad. ¡Haría lo mismo en los arbustos en su sabana! (ver en **Diccionario peludo: Refugio para gatos,** en el capítulo 4).

5. **Cama para dormir a pata suelta.** Como buena felina, vuestra tigresa es una dormilona profesional. Necesita varias camas en sitios altos y bajos, que sean mullidas, suaves y muy cómodas. Para consejos sobre camas gatunas *purrrfectas* (ver **Camas para dormir a pata suelta,** en el capítulo 4).

6. **Baldas y camitas en la pared.** Un gato feliz es aquel que puede recorrer su sabana sin tocar el suelo. ¡Y nos sirven unas simples baldas en la pared! No os olvidéis de añadir alguna camita alta. Para aprender dónde y cómo colocarlas, id a **Diccionario peludo: superautopista gatuna,** en el capítulo 6.

7. **Arenero gatuno.** Son mucho más que un cuarto de baño para nuestros gatos. Deben estar en un sitio donde pasen tiempo, pero lejos de su comida y del agua. Y, ¡ojo!, debe haber más de uno (ver **El arenero *purrrfecto,*** en el capítulo 5).

8. **Plantas para mordisquear.** A tu amigo peludo le gustará masticar las hojas de plantas seguras (ojo, algunas son tóxicas) como la avena, la menta y otras gramíneas, ¡como haría en la naturaleza! Hay diferentes tipos de plantas gatunas, ¡y son muy divertidas! (ver **Gatifica. Mordisquear la Sabana,** en el capítulo 8).

9. **Juguetes para tigretones.** El pequeño cazador con el que vivís necesita tener juguetes divertidos para patear y todo tipo de caña de pescar para que juguéis con él. ¡Cuánto más se parezcan a los ratoncitos de la sabana, mejor! (ver **Juguetes purrrfectos,** en el capítulo 8). Y también rompecabezas gatunos para buscar y jugar con su comida (ver **Rompecabezas para gatos,** en el capítulo 7).

10. **No dejéis elementos peligrosos a su alcance.** Nuestros amigos son curiosos y juguetones. Objetos domésticos en apariencia inofensivos pueden implicar un problema grave no solo para ellos, sino también entre ellos. Sin olvidar las plantas peligrosas (¡que hay muchas!), cables, tapones de los oídos, cordones y ovillos de lana (ver **Y también juego solo,** en el capítulo 8).

AQUÍ NO HAY GATO ENCERRADO, ¡SINO ESCONDIDO! CUCÚ, ¿DÓNDE ESTÁ TRAVIS?

A menudo me pregunto si la querencia de Travis por los espacios pequeños nació en aquel cajón de mi escritorio donde pasó buena parte de sus primeras ocho semanas de vida.

—¿Dónde están Travis y Frida? —pregunté asustada a mi pareja cuando entré en la habitación y solo vi los ojos azules de Brackett Omensetter. Los tres acababan de llegar a mi casa, recién rescatados de la calle, donde habían nacido, y me había preocupado de proteger todas las zonas bajas y recovecos donde un gatito de apenas cuatrocientos gramos pudiese meterse. ¡O eso pensaba yo!

Durante más de quince minutos, los busqué en una habitación de apenas doce metros cuadrados. Revolví la caja de cartón donde dormían, el armario, los busqué debajo del sofá, en la papelera y hasta detrás de los muebles. Nada. Estaba consternada. Era imposible que se hubieran perdido. ¿O no?

De pronto, me fijé en los tres cajones cerrados de mi escritorio. Cuando abrí el cajón de abajo, me encontré a los dos gatitos dormidos plácidamente, enroscados uno sobre el otro al fondo del todo, junto a un paquete de folios. Respiré tan aliviada como fascinada. ¿Por dónde habían logrado colarse estos dos en el cajón cerrado? Así fue como descubrí un pequeño hueco en la parte de atrás del mueble: ¡la entrada al refugio ronroneante que acababan de encontrar Frida y Travis!

Como podréis imaginar, aquel mismo día habilité el cajón con unas mantitas para los tres hermanos, y mientras cupo dentro, siempre fue el sitio preferido de Travis. A mí me encantaba, porque podía rascarle la cabecita mientras repasaba estudios y apuntes de psicología felina.

REFUGIOS *PURRRFECTOS*

Travis no es el único: a todos los gatos les gustan los sitios pequeños. Para entender el motivo, hay que regresar a la sabana africana donde vive su primo salvaje, el *Felis silvestris lybica*. «¡¿Otra vez,

Eva?!», os estaréis preguntando. Sé que a estas alturas sonaré como un disco rayado, pero si queréis entender a vuestros gatos ya sabéis que las respuestas solemos encontrarlas en esa sabana.

Así que aquí estamos, en nuestra sabana. Atardece y aún hace calor. El viento sopla y oímos el zumbido tenue de los insectos entre los árboles. Mientras recorremos los matorrales durante la caída del sol, nos damos cuenta de que los gatos ocupan un nicho interesante en la naturaleza. Son buenos cazadores de animales pequeños, como roedores y lagartijas. Pero también ellos son animales relativamente pequeños, aunque a veces se nos olvide. Esto los hace vulnerables frente a aquellos animales más grandes, como las hienas o, en otras latitudes, lobos y zorros. En nuestro entorno más cercano, se correspondería con algunos humanos, pero también con un perro al que todavía le cueste trabar amistad con los gatos. Son depredadores, sí, pero también presas. Ahora ya sabemos por qué a los gatos, salvajes o domésticos, les gusta tanto meterse en sitios pequeños. Ahí, ocultos, pueden relajarse y ponerse cómodos: ¡están peludamente protegidos! Por eso yo los llamo *refugios gatunos*.

DICCIONARIO PELUDO

Refugio para gatos

Brackett Omensetter se despereza y sale de su refugio gatuno, una pequeña cueva pequeña y privada. «¡Qué siesta más *purrrfecta!*»

Un refugio gatuno es un sitio más o menos de su tamaño, privado y pequeño, donde vuestro amigo ronroneante puede ocultarse para descansar y relajarse. En la sabana gatuna, esos refugios serían sitios como un arbusto o un hueco en un tronco. En casa, puede ser ese cajón del escritorio, solo si lo habilitamos con una manta o una cuevita para gatos por medio de un agujero. ¡Hasta una simple caja de cartón!

PREGUNTA A EVA

¿Por qué mi gato está obsesionado con las cajas?

—Mi gata Coco está obsesionada con las cajas de cartón. Da igual lo que le compre: ya puedo traer a casa la cama gatuna más lujosa del mercado, ¡ella siempre prefiere la caja de cartón de embalaje! —me cuenta divertida Irene, que vive en un primer piso del centro de Tudela con sus gatitas Coco y Kiwi.

Esto de Irene es un clásico y Coco no es ni mucho menos la única gata a la que le gustan tanto las cajas. Haced la prueba: colocad una caja de cartón vacía en mitad del salón y observad cómo vuestro *Felis silvestris catus* se transforma en un coronel peludo en misión de exploración urgente. Allá va, directo a la caja. Vuestro amigo no ha tardado ni un minuto en apoderarse de ella. ¿Me equivoco? Un rato después, se hará un ovillo y se echará a dormir dentro. ¡Infalible!

El amor de los gatos por las cajas de cartón está ampliamente documentado en las nuevas plataformas de entretenimiento que son YouTube y TikTok. ¿Y quiénes somos nosotros para romper esta historia de amor? Hay gatos como Maru, una felina japonesa y atigrada, más conocida por su apodo, Mugumogu, que han convertido esta pasión en una carrera hasta el estrellato más peludo: desde 2008, cuando arrancó su canal de YouTube, las arremetidas de Maru contra cajas de cartón de todos los tamaños han sido reproducidas más de 500 millones de veces. La historia de Maru, a la que siguen los ochocientos mil suscriptores de su canal, nos confirma dos secretos a voces. El primero, que a los gatos les encantan las cajas; y el segundo, ¡que a nosotros nos encanta que les gusten!

CAJAS, ¡QUÉ INVENTO TAN GATUNO!

Billy Boy disfruta de su caja de cartón con una matita mullida dentro. Su arbusto de camuflaje gatuno.

Una caja de cartón es un refugio gatuno *purrrfecto*, y ofrece a nuestros amigos un lugar seguro donde ocultarse. Científicos de la Universidad de Utrecht, en Países Bajos, han demostrado que colocar una simple caja de cartón en un centro de adopción logra que los gatitos que buscan familia estén más tranquilos: poder ocultarse en ella baja sus niveles de cortisol, la llamada «hormona del estrés».

Y no solo los tímidos: **todos los gatos necesitan sitios seguros y privados donde ocultarse y descansar sin que nadie venga a tocarles los bigotes,** ¡tan importante en nuestras a veces concurridas casas!

¡Y SON GENIALES PARA JUGAR!

Los gatos son cazadores que usan el camuflaje para sorprender a sus presas, un instinto que nuestras bolas de ronroneos aún no han perdido. ¿Y hay mejor escondite que una caja para atacar sin ser visto o a la que regresar en caso de retirada? Volveremos a ellas cuando hablemos del juego con nuestros gatos. ¡Qué ganas!

LOS TIGRES TAMBIÉN ADORAN LAS CAJAS DE CARTÓN

También los linces, los tigres, los leones y otros grandes gatos se benefician de tener una caja de cartón de su tamaño cerca cuando viven en cautividad. O, mejor todavía, ¡varias! En resumen, a los gatos, grandes y pequeños, no solo les gustan las cajas, sino que las necesitan, y podemos aprovechar esta pasión peluda para construir refugios gatunos ¡totalmente gratis!

BRICOGATUNOS

 EN 7 MINUTOS!

Refugio con caja: ¡el arbusto de camuflaje gatuno!

Vamos a construir un refugio *purrrfecto* con una caja de cartón. A ojos de vuestros gatos, y colocado en pleno salón, será un arbusto genial en su sabana gatuna. Además, podrán utilizarlo siempre que lo necesiten. Una bricogatunada rápida, barata ¡y muy ronroneante!

Materiales
- Caja de cartón.
- Pegamento.
- Tijeras.
- Material para decorar, por ejemplo, tela de fieltro verde o marrón y un rotulador (opcional).

Elaboración
- **PASO 1:** cortar las solapas y colocar la caja boca arriba. Así, vuestro amigo podrá ocultarse dentro para descansar.
- **PASO 2:** forrar la caja con la tela de fieltro verde y añadir manchas o detalles de otro color, como el marrón. Y una sugerencia: pintar lagartijas, moscas y ratones. ¡Dará al matorral gatuno un aspecto más realista y divertido!
- **PASO 3:** colocar dentro una mantita mullida o la cama preferida de vuestro amigo. ¡Y listo para ronronear a pata suelta!

BRICOGATUNOS

 **EN 13 MINUTOS!**

Refugio con caja: el tronco gatuno

Los agujeros en los árboles también son refugios ronroneantes y geniales para gatificar nuestro salón sin apenas gastar dinero.

Vamos a construirlo con un par de cajas de cartón. Vuestros amigos podrán descansar dentro de su refugio o subirse a él, ¡como harían con un tronco caído en su sabana!

Materiales

- Dos cajas de cartón del mismo tamaño.
- Pegamento.
- Tijeras.
- Tela de fieltro verde y marrón para decorar (opcional).
- Si os atrevéis con el dibujo, rotuladores para marcar las líneas del tronco en el cartón y darle un aspecto más realista (opcional).

Elaboración

- **PASO 1:** cerrar bien todos los laterales de la caja con pegamento resistente y que este no quede al alcance de nuestros amigos.
- **PASO 2:** cortar un círculo o semicírculo en uno de los laterales anchos para hacer la entrada al tronco.
- **PASO 3:** recortar unos agujeros pequeños en la pared. Vuestro gato o gata podrá echar un ojo a su sabana mientras descansa dentro de su tronco sin ser descubierto.
- **PASO 4:** Abrir la segunda caja y recortar los lados hasta que tengan unos 15 cm de alto. Queremos crear una especie de bandeja.
- **PASO 5:** pegar la caja recortada sobre el techo de la primera. Así podrá subirse a su tronco y vigilar su territorio desde una posición más privilegiada.
- **PASO 6:** decorar el refugio con las telas de color verde y marrón y los rotuladores, para darle aspecto de tronco.

BRICOGATUNOS

 EN 3 MINUTOS!

Refugio con trasportín

El trasportín es esa caja de transporte, valga la redundancia, que los gatitos utilizan para ir al veterinario, algo que suele dar mucho miedo, ¡pero podemos remediarlo! Saquemos esos trasportines del armario porque... ¡vamos a convertirlo en un refugio gatuno!

Materiales
- El trasportín de tu amigo, mejor si es rígido.

Elaboración
- **PASO 1:** quitar la puerta del trasportín.
- **PASO 2:** meter en el interior una manta mullida o su cama preferida. ¡Y algunas chuches, para hacerlo aún más ronroneante!
- **PASO 3:** colocar el trasportín en un sitio tranquilo y agradable.

El truco de Eva: si vuestro amigo peludo comienza a utilizar el trasportín, lo verá como un sitio seguro y lo ayudará a sentirse más tranquilo durante la próxima visita a su médico felino.

BRICOGATUNOS

🕐 EN 17 MINUTOS!

Casa para los gatitos de la calle: ¡con una nevera de corcho!

En la calle hace frío y los gatos que viven en nuestros barrios y en nuestras calles también necesitan un refugio donde sentirse seguros y protegerse del mal tiempo. Construí varias de estas casas gatunas para los cinco gatitos que vivían en un parque debajo de mi casa en Madrid, a los que cuidaba con ayuda de otras dos vecinas. Los habíamos esterilizado, les bajábamos comida a diario y una veterinaria amiga nos ayudaba a que estuvieran sanos. ¡A los cinco les encantaron estas casas gatunas!

Materiales

- Una nevera de corcho o poliespán, de 50 × 30 cm (preguntad en una pescadería o en una farmacia, es posible que os la guarden y os la den gratis, ¡sobre todo cuando les contéis que son para ayudar a los compis de la calle!).
- Un rotulador.
- Un plato para marcar la puerta.
- Palillos.
- Cúter o tijera.
- Un rollo de cinta aislante.

Elaboración

- **PASO 1:** cortar una puerta. Dibujar en un lado ancho el contorno de un plato, de unos 15 cm de diámetro y recortarlo.

- **PASO 2:** poner un toldo. Usar la mitad del círculo de corcho recortado para fabricarlo. Fijarlo con palillos sobre el acceso.

- **PASO 3:** proteger la casa gatuna. Colocar la tapa y pegarla con la cinta aislante. Podéis cubrir todo el refugio con más cinta aislante o con una bolsa de plástico de color oscuro que, además, servirá para camuflarla.

- **PASO 4:** colocar la casa gatuna en un sitio seguro, en una localización escondida y segura, a salvo de posibles peligros. No la pongáis directamente sobre el terreno: mejor, alzadla con un par de tableros gruesos o unos palés. Esto hará que el refugio pierda menos calor.

Sencilla, barata y rápida de construir. Y los gatitos que viven en la calle os lo agradecerán a ronroneo limpio.

CAMAS PARA DORMIR A PATA SUELTA: DORMILONES CON BIGOTES

—Si hay algo que le gusta a mi gato Spike es dormir. Es increíble las siestas que se pega: duerme en su cama de la ventana por la mañana; después, se va al sofá; y, por la noche, a nuestra cama. ¡La verdad es que me da bastante envidia! —me dice Cristina en la consulta, cuando le pregunto sobre los sitios preferidos de su gato en casa.

No es un secreto: **los gatos son maestros del sueño. El sueño es una tarea reparadora a la que nuestros bigotudos se**

abandonan y dedican entre diez y trece horas al día. No podemos culparlos; si acaso, envidiarlos. De hecho, si vivimos con un gato es muy probable que nuestro compañero peludo se encuentre en este momento echando una cabezadita.

—¿A que sí, Brackett? —pregunto a la adorable antorchita peluda enroscada en la hamaca que he colgado de la ventana con ventosas. Brackett apenas entreabre los ojos y vuelve a acurrucarse en su cama flotante. Lo dicho: envidia peluda.

PREGUNTA A EVA

¿Por qué mi gato duerme tanto?

No es solo holgazanería: nuestros gatos llevan en los genes eso de dormir mucho. Todos los felinos, pequeños y grandes, son reconocidos dormilones. Mientras que el guepardo sestea durante doce horas al día, el tigre invierte incluso más, ¡unas dieciséis!

Ni a Spike ni a Brackett se les olvida su pasado. Su instinto cazador les dice que, si es necesario, deberán procurarse la cena por sí mismos. Y, para ello, necesitarán capturar ¡nada menos que entre doce y quince pequeños roedores al día! No es tarea fácil perseguir su cena, acecharla, saltar sobre ella, trepar y correr si hace falta, ¡los deja exhaustos!

Sus genes les dicen que, para maximizar las posibilidades de éxito y lograr comer, deben haber recargado toda la energía posible con numerosas siestas a lo largo del día. Justo lo que hacen Billy, Spike y todas nuestras bolas de ronroneos. Por eso, los gatos duermen tanto: para conservar la energía que puedan necesitar para cazar. Ya lo sabemos, si eres un gato, tu instinto te dice que la vida es dormir, cazar, comer y ¡volver a dormir!

Es cierto, puede que nuestros gatos duerman un montón, pero cuando están despiertos, se aseguran de exprimir y disfrutar la vida hasta el último segundo.

UNA ROSQUILLA PELUDA PARA MARTES

Martes se acurruca dentro de su rosquilla peluda verdeazulada, su cama más ronroneante.

Si vivís con gatos, esto os sonará. Como a Marlowe, el detective privado protagonista de la peli *Un largo adiós* (Robert Altman, 1973), que deja su apartamento en mitad de la noche en busca de un supermercado abierto las veinticuatro horas, no hay nada que nos haga salir de casa más rápido que saber que se han acabado las latitas preferidas de nuestro gato. ¿A que sí? Ese fue justo el motivo que me hizo conducir también a mí una tarde de invierno hasta la tienda de comida para gatos más cercana. Estaba ya provista de latitas de atún con mejillones, las preferidas de Martes, cuando me fijé en una montaña peluda de camas con forma de dónuts de colores junto a la puerta. ¡Eran tan suaves!

A Martes le gusta dormir en camas suaves, pequeñas y recogidas, así que pensé que esas rosquillas mullidas le iban a encantar.

—Son algo grandes para una gatita, pero creo que en el almacén tengo alguna más pequeña —me informó Raquel, la propietaria del local. Cuando Raquel salió con aquella rosquilla peluda verdeazulada entre los brazos, enseguida imaginé a Martes acurrucada y ronroneando en su interior.

El flechazo fue instantáneo: nada más verlo, mi dulce amiga abrió sus ojazos oliva de par en par, se dirigió al dónut mullido como un torpedo peludo y desapareció dentro de aquella nube azulada. No salió hasta la hora de la cena; solo tras oír el sonido de su lata, que yo abría en la cocina

«Ser tan adorable debe de ser agotador», pensé mientras la observaba devorar feliz sus mejillones. *Purrr*.

PREGUNTA A EVA

¿Por qué mi gato duerme en sitios raros?

—Eva, mi gata Catalina duerme en los sitios más extraños de la casa. Dentro de mi bolso si lo dejo sobre la cama, en la maleta..., hasta en el último hueco del armario. ¿Por qué lo hace? —me pregunta sorprendida y entre risas Lorena, que vive en Málaga con sus dos tigresas felinas llamadas Catalina y Trece. Yo sonrío con ella porque mi gato Cooper hace lo mismo: en cuanto me despisto, se echa a dormir dentro de mi bolsa del gimnasio.

Cada gato es único, pero tienen algo en común: pocos se resisten al placer de colarse y echarse una cabezadita en sitios donde apenas caben. Estos lugares pueden ser cajas, como hemos hablado, pero también cestas, bolsos o maletas. No solo se trata de una divertida payasada peluda. Hay otro buen motivo detrás de la determinación gatuna por ocupar espacios reducidos: el frío.

Nuestros camaradas de ronroneos son frioleros. **Los gatos tienen su zona de confort térmico, esto es, la temperatura a partir de la cual no necesitan generar calor para sentirse cómodos, mucho más elevada que la nuestra.** Mientras que los humanos estamos bien en estancias con temperatura a partir de los veintidós grados centígrados, porque solemos llevar ropa, nuestros gatos solo empiezan a sentirse a gusto a partir de los veintiocho o los treinta grados.

Si tenemos en cuenta que la temperatura de nuestras casas ronda los veintidós grados, no es complicado entender por qué los gatos adoran repantigarse junto a una ventana soleada o por qué muchos viven pegados al radiador en invierno.

LA CAMA *PURRRFECTA,* ¡ES PEQUEÑA!

Por eso, la cama *purrrfecta* es pequeña. Si le damos a nuestra gata una cama de su tamaño, tendremos más posibilidades de que le guste y, sobre todo, de que la use. Las camas demasiado grandes dificultan que nuestra amiga pueda mantener su temperatura corporal. Por eso Catalina buscará las camas pequeñas, de su tamaño, y con bordes elevados, donde pueda enroscarse dentro porque suelen ser bastante más gatunas.

Este es también el motivo por el que los gatos duermen hechos una rosquilla, algo que pueden hacer de forma más eficaz dentro de espacios pequeños. ¡Las formas redondeadas pierden menos calor que las alargadas! Así que ahora ya lo sabéis: enroscarse hasta convertirse en una bola de ronroneos no solo es adorable, también es un modo eficaz de mantener el calor que tanto gusta a nuestros gatos.

PREGUNTA A EVA

¿Cómo elijo la cama de mi gato?

Por mucho que usen nuestra cama y se hayan apoderado de nuestro sitio preferido del salón, nuestros gatos necesitan, además, sus propios espacios de descanso. Aquí tenéis respuestas a las preguntas que más me hacéis respecto a cómo escoger las camas gatunas:

- **«¿Cuál sería una buena cama para mi gato?»** Dentro de toda la variedad de camas que hay en el mercado, los gatos prefieren dormir sobre superficies suaves, mullidas y cómodas.
- **«Mi gata duerme sobre cojines.»** Muchos gatos buscan sitios mullidos para descansar, como hemos comentado, y los cojines que tenemos en casa suelen serlo. Además, si el cojín es grande, lo normal es que se hunda con el peso de nuestro gato, lo que le dará algo más de privacidad. Por eso, la cama rosquilla es muy gatuna: al tener los bordes algo elevados, pueden enroscarse en su interior, estar más ocultos y sentirse protegidos. ¡La misma seguridad que nuestras tigresas y nuestros tigres buscarían en su sabana!
- **«¿Cuántas camas gatunas necesito?»** Más de una, ¡y de dos! Nuestros dormilones más peludos dedican muchas horas a los placeres de Morfeo, así que necesitarán más de una cama.

- **«¿Cómo sé si le gustará la cama que le compre?»** Cada gato es único y tiene su propia *purrrsonalidad,* sus preferencias. Esto también vale para las camas: para acertar, necesitamos darles a elegir. Hay gatas como Martes que sienten atracción por las camas más peludas, mientras que otros como Billy prefieren los tejidos tipo forro polar o la lana.
- **«Mi gato duerme encima del sofá, ¿necesita una cama?»** Sí, también. Pero no todo es comprar: colocad alguna manta mullida en sitios donde a nuestro amigo le guste sestear y pasar el tiempo.

¿Y UN REGALO PARA MI GATO FRIOLERO?

Cooper y Martes comparten su cama flotante, una hamaca colgada de la ventana con ventosas.
Mientras tanto, Frida (abajo) se acicala en una hamaca enganchada al radiador. ¡Genial para gatos frioleros!

«La gata de los Nash duerme en una ingeniosa cesta voladiza enganchada al radiador. "Es una criatura tan escandalosa —dice Nash—, que la puedes tocar como una gaita."» Así cuenta Roger Deakin en el libro *Diarios del bosque* su encuentro con la gata del artista inglés David Nash, famoso por sus intervenciones de *land art* y sus esculturas de madera.

Esta cesta voladiza es una genialidad y, como apunta Deakin, también se trata de una ingeniosa cama gatuna. Solemos referirnos a ellas como hamacas para radiador. Tienen una estructura de hierro que permite engancharlas con facilidad a este aparato y vienen equipadas de varias formas: con una tela que forma una hamaca o, como en este caso, con una cesta.

De un modo u otro, las hamacas o cestas gatunas de radiador son geniales si a vuestro amigo peludo le gusta acurrucarse y dormir caliente en las alturas. En mi casa cuelgan del radiador y también hay otras adheridas con ventosas a las ventanas soleadas: son las preferidas de Brackett Omensetter, un gato ancho y feliz.

Igualmente, hay otro regalo para gatos frioleros: las camas térmicas. Funcionan como nuestras mantas eléctricas: emiten una fuente de calor continuo, pero el mecanismo es seguro para ellos. ¡Son un regalo *miauravilloso*!

PREGUNTA A EVA

Y si ignora su cama..., ¿qué hago?

—Acabo de comprar una de esas camas para gatos que dicen que son antiestrés, una cueva muy mullida para que se metan dentro. La compré con mucha ilusión, convencida de que a Holly le iba a encantar. Pues nada, fracaso total. Mi gata la olisqueó y se fue. ¡No le ha vuelto a hacer caso! —me cuenta algo desesperada durante una consulta María, que vive con su gatita Holly en un soleado piso en A Coruña.

Es un clásico: acabáis de comprar una cama bien chula para vuestra gatita o gatito que os ha costado un dinero. Emocionados, llamáis a vuestro amigo felino, pero ni por esas. Vuestro gato se aproxima unos segundos a la cama para después desaparecer e ignorar vuestro regalo con parsimonia gatuna.

No os lo toméis como un despecho. Por muy buena que sea, una cama nueva huele raro, y ya hablaremos de lo importante que es el olfato para nuestros gatos. De momento, quedaos con esto: el hecho de que la cama huela de un modo extraño, esto es, no familiar, hace que nuestros amigos desconfíen. Eso explica por qué Holly rechaza su cama nueva, ¡y hasta le da *miedito!*

TRUCO GATUNO DE EVA

Aquí tenéis mis trucos para hacer la cama más peludamente irresistible a ojos de vuestros amigos.

- **TRUCO PELUDO 1: poned la cama en un lugar gatuno.** Cuando traigáis una cama nueva a casa, colocadla en un sitio tranquilo y agradable. Por ejemplo, situadla en mitad del salón o sobre vuestra cama, en un espacio soleado.
- **TRUCO PELUDO 2: «¿Y ese olor tan raro?».** Para camuflar el olor extraño, cubrid la cama nueva con una manta que le guste a vuestro gato y que suela utilizar para dormir.
- **TRUCO PELUDO 3: «¡Esta cama da chuches!».** Si todo esto no es suficiente, ¡recurrid a las chuches gatunas! Podéis rodear la camita de sus chuches preferidas y hasta colocar algunas dentro. ¡Ronroneantemente infalible!

El TIGRE QUE DUERME EN... ¡NUESTRA CAMA!

Es la una y media de la madrugada y unas patitas recorren mi espalda. Silencio. Un instante después, un hocico bigotudo me roza la cara. Silencio de nuevo. Ahora, una patita examina mi cuerpo y da empujoncitos a mi barriga. Sonrío. Es Frida, en su misión de exploradora nocturna asaltacamas. Su objetivo: encontrar un hueco en el edredón y acurrucarse, como cada noche, entre mi pareja y yo. Conseguido.

Levanto la cabeza y confirmo que Frida no es la única que ha encontrado hueco en la cama: algo más abajo, me encuentro a Brackett hecho una rosquilla. Y ahí no acaban las visitas peludas nocturnas: el pequeño Travis se ha instalado, literalmente, entre las piernas de mi pareja. «¡Qué calentito se está aquí!», debe de estar pensando Travis, ¡y no le falta razón!

NOCHES PELUDAS Y DE HOCICOS HÚMEDOS

Por muchas camas *purrrfectas* que coloquemos, nuestra tigresa y nuestro tigre pueden escoger dormir con nosotros. Mi cama no es la única con visitas nocturnas tan bigotudas: según un estudio de 2018, uno de cada tres de nosotros compartimos las sábanas con nuestros gatos. Y esto es justo lo que ocurre cada noche también en la habitación de Isabel.

—Mi gato Alfred duerme siempre pegado o encima de mí. Espera a que me meta en la cama y, acto seguido, entra él y se hace un hueco a mi lado —me dice Isabel, divertida, durante una consulta.

Cuando eres un gato, ¡los humanos son perfectos para echarse una cabezadita! Nos usan como almohada, duermen sobre nuestro regazo o puede que, como Alfred, Frida, Travis y Brackett, vuestro gato se meta en la cama con vosotros. Tienen buenas razones para colarse bajo el edredón. **El sueño es el estado de mayor vulnerabilidad para nuestros gatos y, para un animal que mantiene tan intacto el instinto de supervivencia —recordad, heredado de su primo salvaje, el gato africano—, saberse protegido resulta esencial.**

Un gato que duerme a tu lado o, como Travis, encima de ti, confía en su humano o en su humana ciegamente. ¡Es su modo peludo de decirnos que nos quieren y que se encuentran seguros a nuestro lado! Eso, ¡y que estamos calentitos!

Así es que ya lo sabéis: cuando vuestro gatete os ronronee en el oído por la noche, hacedle hueco bajo el edredón. No hay placer peludo más *purrrfecto*.

Capítulo 5

«Tienes un *miausap*»

Si queremos crear un hogar donde nuestros gatos sean felices a nuestro lado y se sientan seguros y tranquilos, existen dos elementos que no podemos olvidar. Por un lado, los rascadores y, por el otro, los areneros. Vamos a conocer todo lo que vuestros amigos bigotudos necesitan que sepáis sobre el arenero. Ya os adelanto que es mucho más que un cuarto de baño para nuestros felinos.

Pero hagamos antes una nueva parada en la sabana africana, porque es ahí donde encontramos los secretos para entender por qué los gatos rascan objetos con sus garras y por qué muchos escogen el sofá del salón para hacerse esta importante manicura gatuna. También aprenderemos algunos trucos para poner vuestro querido mueble a salvo.

POR QUÉ RASCAN LOS GATOS

—Eva, mi gata Hada me tiene el sofá destrozado. Ignora el rascador que le compramos, pero le encanta hacerse las uñas en la esquina del sofá. ¿Hay forma de quitarle esa costumbre? —me pregunta durante una consulta Simona, que vive con sus dos gatos, Hada y Hércules, en San Sebastián.

La queja de Simona no me pilla desprevenida: es un problema muy frecuente en mis consultas. Es más, mucha gente está convencida de que nuestros gatos arañan el sofá por capricho, por el mero placer de portarse mal. Pues bien, cojamos aire y contemos hasta diez, pero no nos enfademos con nuestros amigos ronroneantes. Esto es lo primero que necesitáis saber: no hay maldad ni ganas de fastidiarnos, todo lo contrario. Rascar es un comportamiento natural para los gatos, necesario para mantenerse sanos, y sentirse seguros y felices en casa.

«SOY EL ZORRO QUE MAÚLLA»

No solo es cosa de nuestras bolas de pelo: todos los felinos rascan superficies por el mismo motivo: *marcar* su territorio. Lo hacen los tigres, los guepardos, los linces y, *purrr* supuesto, también nuestro gato norteafricano. Todos estos felinos marcan con sus uñas los «árboles» que crecen allí donde viven, su hogar, su territorio. Y, cuando lo hacen, dejan en la corteza una señal visual. Es más, con el objetivo de parecer más grandes de lo que en realidad son, los gatos se yerguen sobre sus patas traseras. Esto les permite dejar un rastro visual en altura que otros felinos pueden ver desde la distancia, algo que evita muchas peleas. Porque un gato que descubra señales de garras en un árbol sabrá que ese trozo de sabana ya tiene un dueño peludo. Con suerte, decidirá no adentrarse.

Ahora ya lo sabéis: **rascar permite a nuestros gatos marcar su territorio.** Es exactamente lo mismo que hace nuestra bola de pelo con los rascadores o con nuestros muebles, si carecen de rascadores *purrrfectos,* rasparlos para dejar su firma personal. ¡Como el Zorro enmascarado!

«TIENES UN *MIAUSAP*»

Cuando los gatos rascan bien sea un árbol de la sabana, bien sea su rascador *purrrfecto* o un mueble como el sofá, también dejan un mensaje oloroso en la superficie que rasguñan. Digo «oloroso» porque cada vez que arañan algo, las glándulas de las almohadillas de sus patas liberan unos mensajes químicos llamados feromonas. Las feromonas son un conjunto de compuestos especiales —formados por moléculas volátiles pequeñas, como ácidos grasos, alcoholes y péptidos— que los gatos utilizan para «hablar» y dejar mensajes a otros gatos.

Los humanos no somos capaces de oler estos mensajes gatunos, ni mucho menos descifrarlos. Comparadas con las gatunas, ¡nuestras narices son muy deficientes! Pero los gatos, sí. Y usan las feromonas o mensajes olorosos para compartir información importante con otros felinos, por ejemplo: «Estoy tranquilo, *purrr*» o «Me siento feliz». También todo lo contrario: «Esto no me gusta, grrr» o «Vete de aquí». Y, por supuesto, lo usan para decirles a otros gatos: «Esta casa es mía».

La ciencia se ha interesado por estas conversaciones gatunas a través de *miausaps*. Un estudio realizado por el Instituto de Semioquímica y Etología Aplicada de Francia reveló que los gatos prefieren rascar superficies en las que haya mensajes de otros gatos.

Ahora ya lo sabéis. A sus ojos, estas feromonas serían un wasap oloroso, o, mejor dicho, un *miausap*, y vuestro sofá, un chat con el buzón de entrada lleno de mensajes gatunos importantes.

CIENCIA GATUNA

Una nariz miauravillosa

Por pequeña que parezca, la nariz de los gatos es asombrosa. Los perros suelen llevarse todo el mérito olfativo y no es para menos: su hocico es excelente. Pero el de los gatos también lo es. En cualquier caso, es sin duda muy superior al nuestro.

Como en los perros, la superficie interna de la nariz de los gatos dedicada a la captura de olores es cinco veces superior a la humana. Eso les permite distinguir miles de olores diferentes, más de los que nuestros gatos podrán llegar a encontrarse en toda su vida.

«NO UNA: ¡TENGO DOS NARICES!»

Aún no hemos terminado. Porque nuestros gatos no tienen una, ¡sino dos narices! Como todos los felinos, vuestro gatete posee una segunda *nariz,* de la que los humanos carecemos, llamada órgano de Jacobson u órgano vomeronasal. Una nariz mucho más oculta, a medio camino entre el sentido del olfato y el del gusto, alojada dentro de la boca, entre las narinas y el paladar. ¿Su función? Recibir y leer los *miausaps* enviados por otros gatos.

PREGUNTA A EVA

¿Y esa carita de susto que pone mi gata?

—Eva, hay una cara de susto que pone mi gata Mika que me hace mucha gracia. Cuando se acerca al rascador que ha usado mi otro gato, Ash, Mika lo olisquea y se queda un buen rato quieta con la boca abierta. ¡Pone una cara de susto muy simpática! ¿Por qué lo hace? —me pregunta durante una consulta Alberto, que vive con sus gatos Mika y Ash en Toledo.

—Mika está leyendo sus *miausaps:* ese rascador está lleno de ellos —respondo con una sonrisa.

Os suena esa cara de susto gatuna, ¿verdad?

Se conoce como respuesta de Flehmen. Para que los *miausaps* entren en el órgano vomeronasal que, recordad, está dentro de la boca, necesitan hacerlo a través de dos pequeños conductos que tienen justo detrás de los dientes incisivos. Esto, como os imagináis, no resulta sencillo. Y para ayudar a que los *miausaps* lleguen a su destino, nuestros gatos levantan la cabeza, la echan un poco hacia atrás y dejan la boca entreabierta. Después, les dan un último empujón con la lengua. ¡Lo que explica esa divertida carita de patatús gatuno!

Ya lo sabéis: cuando vuestro amigo bigotudo pone esa cara de pasmo tan graciosa, lo que hace es leer sus *miausaps.*

CHAT GATUNO EN TU SOFÁ

Como estos *miausaps* son diferentes en cada gato, además de transmitir información sobre sí mismos, el rascado les permite marcar su territorio.

«Ey, este salón es mío, aquí vive Leia, *purrr*», puede que diga el *miausap* de Leia, una princesa atigrada de morro blanco que comparte su vida con Maribel en Madrid, y a la que ayudo en mi consulta a llevarse bien con sus otros dos hermanos gatunos, Hollín y Chiwi.

Depositar un *miausap* con sus garras tiene ventajas para Leia. Este mensaje resulta más duradero que un maullido o un bufido, y permanecerá donde los ha dejado. Hollín y Chiwi podrán leer su *miausap*, aunque Leia lleve dos horas durmiendo sobre su árbol rascador preferido del salón.

Esta comunicación gatuna es vital porque es la forma que tienen de decirles a otros felinos que esa casa es *su* casa y que deben ser amigos. Porque, de ser rivales, cada uno deberá permanecer en su territorio. *Grrr.*

MANICURA GATUNA

Como veis, lo que muchos experimentáis como una molestia, no es más que un comportamiento natural e innato: los gatos no solo adoran rascar superficies, además, necesitan hacerlo. Arañar les permite mantener sus dieciocho uñas —cinco en cada una de sus patas delanteras, y cuatro en las traseras— en buen estado. Cuando los gatos rascan una superficie, lo que hacen es retirar la capa exterior de sus uñas, formada por células muertas. Así descubren la nueva capa, sana y fuerte, que permanecía debajo.

CIENCIA GATUNA

¡A buscar células gatunas!

Es muy fácil comprobarlo. Solo tenéis que acercaros a las zonas de la casa que rasca vuestro tigretón o tigresa. ¿Estáis ya? Echad un vistazo al suelo: es muy probable que encontréis unas pequeñas medias lunas. Se trata de una especie de funda con células muertas de las uñas que se les ha caído porque ya no le servían.

Ya lo sabéis: para nuestros gatos, rascar es como hacerse la manicura ¡gatuna!

«ESTA ES MI SABANA, AQUÍ SOY FELIZ»

Tal y como hemos aprendido, rascar permite marcar su territorio a nuestros camaradas bigotudos. ¡Hasta «hablar» con otros gatos! Pero aún hay una razón más poderosa si cabe para rascar superficies: arañar objetos con sus garras les permite dejarse *miausaps* a sí mismos, recordatorios importantes, como «esto es mío, yo vivo aquí» u «hoy me encuentro peludamente feliz».

Los gatos necesitan arañar para sentirse seguros, confiados y felices en nuestras casas, su sabana. Su instinto les dice que deben dejar sus mensajes en algunos lugares prominentes, que queden a la vista de todos: como un árbol rascador gatuno alto o, lo habéis adivinado, vuestro sofá. También les gusta dejarlos cerca de las puertas de acceso a las habitaciones, para que huelan de modo familiar cuando entren. Necesitan esa sensación de seguridad y encontrar sus propios *miausaps* allá por donde caminan.

PREGUNTA A EVA

¿Por qué mi gata rasca cuando llego a casa?

—Eva, ¿crees que mi gata Naia tiene ansiedad? Cada vez que entro por la puerta, sale corriendo al rascador a hacerse las uñas. ¿No es extraño? —me pregunta confundida otra tarde Natalia, que vive con Naia en Roma.

—De ansiedad, nada. Lo que le ocurre a Naia es que está muy contenta de verte —tranquilizo a Natalia con una sonrisa.

Como todo lo relacionado con nuestros amigos, el comportamiento de rascado es más complejo de lo que soléis imaginar. Lo que aún no sabéis es que rascar también sirve a nuestros gatos para expresar emociones; en el caso de Naia, ¡que está muy contenta de ver a su humana!

Además, el rascado permite a nuestros gatos estirar los músculos. Imaginemos lo bien que debe sentar desperezar bien las patas y la espalda tras una buena siesta gatuna. También utilizan el rascado para liberar la ansiedad y hasta para expresar frustración. Por ejemplo: cuando quieren algo que no consiguen, como capturar una mariposa que pasa por delante de la ventana o de una terraza acristalada.

Igualmente los hay que, como mi gato Cabo, rascan y hasta aporrean la puerta cuando quieren algo, ¡y lo quieren ya! Os cuento nuestro pequeño ritual de la mañana desde hace, al menos, cinco años. Mientras me ducho, Cabo golpea la puerta del baño como un pequeño mamut peludo para que le abra. «¿A que sí, Cabo?», le susurro al oído, ahora que mi amigo ronronea entre mis brazos mientras escribo. ¿Os suena? Seguro que sí. No sé vosotros, pero yo soy débil. Así que cada mañana al oír a mi mamut preferido, salgo de la ducha, mojo el suelo, abro la puerta y agasajo a mi pequeño bisonte con las caricias que ha venido a buscar. *Purrr* supuesto.

PON A SALVO TU SOFÁ

Ahora ya sabéis que rascar es un comportamiento natural, saludable y muy importante para nuestros gatos. **No es un lujo: todos los gatos necesitan rascar para sentirse seguros y felices. Incluso, para expresar emociones.** Pero si no tienen el sitio adecuado para hacerlo, pueden comenzar a *decorar* muebles, sillones, sillas y, *purrr* supuesto, el sofá.

—Mi gato Benito rasca los respaldos de las sillas. ¡Lo he dado por perdido! —me cuenta durante una consulta por videollamada Paulina, que vive con Benito en Santiago de Chile.

Como Benito, Leia y Hada, un alto porcentaje de gatos rascan objetos o muebles que a sus humanos les parecen inapropiados. Nada menos que ocho de cada diez, según un estudio publicado en *Journal of Feline Medicine and Surgery*.

Ya sé que irrita ver a vuestros gatos acercarse al sofá o a las sillas con las garras preparadas. Pero ni Benito ni ninguno de nuestros amigos lo hacen para molestar ni por fastidiar. Aunque nos cueste aceptarlo, es una forma gatuna de decirnos: «Humano, humana: necesito más objetos adecuados para limarme las uñas». ¿La buena noticia? Podemos redirigir ese comportamiento hacia muebles gatunos que escojamos para ello. Y, sobre todo, que nos duelan menos. Vayámonos en busca... ¡del rascador *purrrfecto*!

UN ÁRBOL RASCADOR EN EL SALÓN

—¿Poner un árbol rascador en el salón? ¿Y si después Noa no lo usa? —pregunta algo inquieta Eugenia, que vive con su ronroneante pantera gatuna en Corbera de Llobregat, Barcelona.

—A ver..., si ponemos un buen árbol rascador, que sea apropiado para tu gata Noa, y lo colocamos en un buen sitio, te aseguro que le va a gustar —la tranquilizo.

No han pasado dos horas y, aún en consulta, oigo de nuevo una queja similar. En este caso, de Mabel, que lo cuenta sin perder el sentido del humor.

—A Olmo le gusta rascar los marcos de las puertas. Se pone de pie en la puerta, clava las uñas y se deja caer, ¡casi con un movimiento seductor! —me cuenta divertida.

Mientras Mabel habla, examino el salón de su piso de Mataró, en Barcelona. Lo que me temía: Olmo carece de algo que se parezca a un poste de rascado apropiado. Lo más similar es un pequeño artilugio de cuerda, inestable y con forma de palmera, de apenas treinta centímetros de alto. Es imposible que ese rascador aguante las envestidas de sus garras sin tambalearse. «¡Normal que Olmo utilice la puerta!», pienso.

Si queréis que vuestros gatos dejen de rascar los muebles, es muy importante encontrar el rascador adecuado. No es poca cosa: sabemos que cuando acertamos y damos con el rascador *purrrfecto,* nuestros gatos lo usan.

EN BUSCA DEL RASCADOR *PURRRFECTO*

Travis marca con las uñas y deja sus *miausaps* en un árbol gatuno *purrrfecto*: un mueble vertical y robusto, forrado de cuerda, ¡que aguanta sus felices embestidas sin tambalearse.

Los gatos prefieren postes de rascado en vertical, robustos, pesados, y que no se muevan. Cuanto más se parezca a un árbol de *nuestra* sabana, mejor, y que, como los árboles, resistan sin inmutarse las embestidas y las garras de un gato feliz.

Por desgracia, muchos rascadores que encontráis en el mercado, incluso entre los caros, no cumplen con este criterio y se zarandean como una palmera en mitad de un vendaval.

Mi recomendación: para que no se tambalee, escojamos un rascador con una base bien amplia, de unos cincuenta centímetros cuadrados.

EL ÁRBOL MÁS ALTO DE LA SABANA

Muchos me preguntáis si hay una altura ideal para un rascador vertical. Lo cierto es que sí. El rascador debe ser lo suficientemente alto como para que vuestro gato pueda estirarse por completo sobre sus patas traseras mientras lo araña, lo mismo que hacen sus primos salvajes cuando rascan los árboles.

Mi recomendación: utilizad rascadores o postes de rascados verticales de, como mínimo, noventa centímetros. Si es más alto, aún mejor.

PREGUNTA A EVA

¿Qué material le gusta rascar a mi gato?

—A mi gato Chester le encanta rascar las patas de las sillas del comedor, que están forradas de tela. Las tiene destrozadas —me dice Iratxe, que vive con su hermoso y bigotudo Chester en Bilbao.

—¿Y por qué crees que lo hace? —pregunto a Iratxe.

—Supongo que a Chester le gusta mucho el tejido, lo ve como un rascador y entiende que está para eso —responde Iratxe.

Tiene razón: el tejido o material de rascado es importante. Si vamos a una tienda, encontraremos multitud de rascadores. Los hay que están fabricados de cuerda de sisal, uno de los materiales preferidos por los gatos, según otro estudio publicado, de nuevo, en *Journal of Feline Medicine and Surgery*. Hay más opciones: los hay de corcho, de madera y hasta de cartón.

Mi consejo: cada gato es único y tiene sus propias preferencias. Dadles diferentes opciones que probar para que pueda elegir su rascador favorito.

OPCIONES HORIZONTALES: ALFOMBRAS Y FELPUDOS

Tened en cuenta que, además de las opciones verticales de las que hemos hablado, a muchos gatos les gusta rascar en horizontal. Lo notaréis, sobre todo, en los gatos mayores: a partir de los diez años, nuestros amigos prefieren rascar superficies horizontales. Les resulta más fácil y no implica tener que ponerse de pie sobre las patas traseras.

El material preferido a esta edad es el tipo alfombra. «¿A que sí, Cooper?», pregunto a mi amigo ronroneante, que se aproxima a mi mesa para recordarme que es la hora de su cena. Cooper tiene catorce años y siente predilección por las alfombras de cuerda de yute que he colocado para él y sus seis hermanos bigotudos en el salón. Cooper se aproxima a la alfombra. Se estira cuan largo y desgarbado es. Prepara sus garras. Pone una cara de concentración adorable. Ahí va... Ras, ras, ras.

EL CARTÓN ES *MIAURAVILLOSO*

Frida hace la croqueta sobre un rascador de cartón. Además de arañarlo, a Frida le gusta sestear encima de él. ¡Una opción económica y *miauravillosa*!

Aquí va un truco infalible: no hay nada más gatuno que un rascador horizontal de cartón. Mejor aún si, en lugar de plano, esta alfombra de cartón tiene forma de S. Mi gato Brackett Omensetter no solo los araña; a Brackett le encanta pasar las mañanas al sol sobre su rascador de cartón *purrrfecto*.

Insisto, y siempre los recomiendo, los rascadores de cartón son tan económicos como *miauravillosos*.

BRICOGATUNOS

Rascador de cartón con caja de fruta

Podemos construir un rascador *purrrfecto* con una caja de fruta de cartón. Una bricogatunada gratuita ¡y muy ronroneante!

Materiales
- Una caja de fruta de cartón (podéis pedirla en la frutería).
- Una caja de cartón.
- Tijeras.
- Pegamento (para un acabado más profesional, sustituir el pegamento por una pistola de silicona caliente).

Elaboración
- **PASO 1:** cortar tiras rectangulares de la caja de cartón. El ancho y el alto deben ser los mismos del lateral de la caja de frutas. Necesitaréis varias decenas.
- **PASO 2:** colocar las tiras dentro de la caja de frutas: una junto a otra, como si fueran libros en una estantería. El objetivo es que queden encajadas.

- **PASO 3:** pegar las tiras entre sí con pegamento o, mejor, con la pistola de silicona caliente. De este modo aguantará las felices embestidas de vuestro tigretón cuando las rasque. ¡Listo para arañar y ronronear de pura felicidad gatuna!

UN SOLO RASCADOR NO ES SUFICIENTE

Un solo rascador no es suficiente. Cuántos más rascadores tengamos, más posibilidades hay de que se olviden de nuestro querido sofá. ¡Justo lo que queremos!

Mi consejo: cuando los gatos tienen rascadores suficientes y adecuados, los utilizan. Así que ahora ya lo sabéis, repartidlos por la casa.

Coloquemos rascadores en todas las habitaciones, en espacios donde les guste dormir, comer o jugar. Otra opción es ponerlos cerca de cualquier mueble que nuestro gato esté rascando: ¡como el sofá! Si nos falta sitio, podemos recurrir a los rascadores de pared, que se anclan a esta o a las esquinas de casa como si fuesen un cuadro, sin ocupar apenas espacio. ¿Cuándo sabes que has escogido el rascador *purrrfecto*? ¡Cuando tu gato lo use para limar sus uñas en lugar del sofá!

¡EL RASCADOR ES DIVERTIDO!

Si seguís las pautas anteriores, lo normal es que lo usen. Pero aún podemos hacer el rascador más interesante e irresistible. Estos son **mis consejos** más ronroneantes:

- Podéis jugar con su ratoncito de tela preferido alrededor de su nuevo mueble gatuno.
- Si dejáis premios sabrosos o chuches para gatos cerca o alrededor de su nuevo rascador, lo haréis peludamente atractivo.
- Si veis que se acerca a curiosear o lo usa para hacerse las uñas, felicitad y premiad a vuestra tigresa o vuestro tigretón.
- Mientras aprende a usar su rascador, podéis cubrir el sofá con una funda o sábana holgada. Esto lo mantendrá protegido.
- Tomaos vuestro tiempo: el error más común cuando enseñamos a un gato es pedirle mucho y rápido. No es tan difícil como pensáis. Y el esfuerzo merecerá la pena: vuestro amigo os lo agradecerá a ronroneo limpio.

¿QUÉ NO SE DEBE HACER?

Es importante que recordéis lo que no se debe hacer si vuestro gato aún no ha aprendido a utilizar su rascador:

- No cojáis a vuestro gato y lo llevéis al rascador. Lo digo porque lo veo mucho.
- No intentéis coger sus patas y frotarlas contra él.
- No gritéis, ni castiguéis, ni mojéis a vuestro tigretón o tigresa. Lo único que vais a conseguir es asustar a vuestro amigo, y que os coja miedo.

¿Y SI SIGUE RASCANDO EL SOFÁ?

Si vemos que aun poniendo en marcha los trucos que hemos visto, nuestros gatos siguen arañando el sofá o el cabecero de la cama, pedid cita para una consulta de comportamiento felino.

Recordad que los gatos arañan por algún motivo, y no es para molestar. Y el hecho de que lo hagan de forma insistente puede ser una señal de que sienten miedo o ansiedad por algo que no siempre entendemos. Si los ayudamos a ser felices en nuestras casas, nos lo agradecerán a ronroneo limpio.

PREGUNTA A EVA

¿Por qué mi gato se frota con esquinas y muebles?

—Eva, mi gata Cuqui no deja de restregarse con todas las esquinas y muebles de la casa. Lo hace de un modo insistente. Incluso utiliza mis piernas para restregar su cara. ¿Debería preocuparme? —me pregunta durante una consulta César, que comparte su vida con Cuqui en Salamanca.

Para responder a César, tenemos que regresar a la sabana. Al igual que los tigres utilizan los árboles para frotarse las mejillas y así «hablar» con otros tigres, tu gato utiliza las esquinas de la pared y los muebles con el mismo fin. Lo que hacen es, de nuevo, dejar *miausaps* a otros gatos o, como hemos aprendido, incluso a sí mismos.

En este caso, en lugar de las patas, usan las glándulas localizadas en la cara, sobre todo, en la barbilla, en las mejillas

—justo detrás de los bigotes— y en esas áreas más clareadas, sin tanto pelo, que tienen entre las orejas y los ojos. No, no son calvas.

A diferencia de los humanos (que nos guiamos, sobre todo, por nuestros ojos), nuestros gatos navegan en un mundo de olores, y los usan casi como un mapa; un mapa de olores familiares que les permite moverse por su casa y que también usan para sentirse seguros, para saber que todo está en orden. No hay nada de lo que preocuparse: esos adorables frotamientos constituyen un comportamiento felino natural que ayuda a nuestros amigos a sentirse seguros y más felices en casa.

UN MAPA DE OLORES AMIGOS

Cooper chatea y deposita *miausaps* faciales en un cepillo de esquina, contra el que se restriega. Su mensaje oloroso dice: «Esta casa es mía, aquí soy feliz».

Los gatos necesitan un mapa de olores familiares que crean con los *miausaps*. Cada vez que rascan sus muebles gatunos o frotan su cara contra las esquinas de la casa, actualizan ese mapa con mensajes gatunos nuevos y frescos. Al fin y al cabo, ¿a quién le interesa un *miausap* antiguo?

Por eso lo pasan mal cuando movemos los muebles: para nosotros solo es una silla que ha cambiado de sitio, pero para ellos es un cambio en su mapa familiar de olores.

Mis consejos:

- Estos *miausaps* que deposita sobre los muebles lo ayudan a sentirse seguro, tranquilo y feliz. Intentad conservar al menos algunos cuando limpiéis la casa.
- Para los gatos ciegos o mayores, a los que les cuesta orientarse, esto resulta aún más importante: los olores son cruciales para poder encontrar lo que necesitan en vuestra casa.

HABLEMOS DEL ARENERO

Sois muchos los que acudís a la consulta preocupados o incluso alarmados porque vuestro gato ha dejado de utilizar su arenero. O no lo usa siempre. En cualquier caso, no lo utiliza tanto como os gustaría.

—Lola ha empezado a hacer pis en el suelo. No lo hace cada día, pero sí en momentos puntuales. Estoy preocupada, ¿qué crees que ocurre? —me cuenta durante una consulta Marta, que vive con sus dos gatos, Lola y Xut, en una casa con jardín en Barcelona.

Lo primero que necesitáis saber: **el arenero es mucho más que un cuarto de baño para nuestros gatos.**

«PODRÍA HACER PIS AQUÍ»

Los gatos suelen ser muy cuidadosos con su higiene y si proporcionáis a vuestro camarada de ronroneos un cajón con arena o tierra suelta lo usará para aliviar su vejiga de forma instintiva. No tenéis que enseñarle: cuando los gatos pisan una sustancia fina, disgregable y que pueden escarbar —como arena o tierra fina— la usan.

Lo llevan en los genes. Incluso los cachorros más pequeños, una vez que han aprendido a usar sus esfínteres, hacen pis en la arena en cuanto la pisan. Es un comportamiento natural e instintivo. Solo están siendo ellos mismos.

«KITT, TENEMOS UN PROBLEMA»

—Kitt ha dejado de usar el arenero, y ahora prefiere hacer pis en la ducha del cuarto de baño. Eva, ¿qué puedo hacer? —me pregunta preocupada Lledó, que vive con su gato Kitt en Castellón.

Os entiendo. En el momento en que nuestro gato comienza a orinar fuera del arenero nos sentimos desconcertados y nos resulta incómodo a los humanos que vivimos en casa. Pero también lo es para nuestros gatos. Entre otros motivos, porque pueden sufrir un problema veterinario doloroso. Por eso, el primer consejo siempre que aparece pis fuera del arenero es acudir a nuestro médico felino.

¿Es frecuente? Más de lo que solemos pensar. Uno de cada diez gatos orina fuera de su arenero al menos alguna vez o durante algún periodo de su vida.

¡Ojo!, no se trata de una protesta maloliente de vuestro amigo, ni lo hace por fastidiaros. Al revés: es una señal de que algo va mal y nos toca entender de qué se trata.

Si vuestro amigo hace pis fuera de su arenero, tras acudir al veterinario, lo primero es ofrecerle una alternativa mejor, más atractiva: un arenero *purrrfecto*.

PREGUNTA A EVA

Tengo dos gatos, ¿cuántos areneros necesito?

Cuando un gato ha comenzado a orinar fuera de su arenero, hay una primera pregunta que siempre hago a mis clientes humanos:

—¿Cuántos areneros tienes?

—Uy, tengo uno para mis dos gatos, pero es un arenero gigante, el más grande que he encontrado —me contestan a menudo.

Pero vuestros gatos no lo ven del mismo modo. Aquí va el primer mandamiento gatuno del arenero: si vivís con un gato, necesitaréis dos areneros; si vivís con dos gatos, necesitaréis tres areneros. Si vivimos con tres gatos, cuatro areneros. Es decir, conviene tener al menos un arenero adicional. Es una regla general, pero funciona bastante bien, y es un muy buen primer paso para hacer feliz a nuestro gato.

TENGO UN CAJÓN GIGANTE: ¿CUENTA COMO DOS?

—Mi arenero es un maxiarenero, sería lo mismo que para un humano un *jacuzzi*: aquí entran hasta tres gatos. ¿Cuenta como dos areneros? —me pregunta durante una consulta Yolanda, que vive con sus dos gatos, Gigi y Suau, en Alicante.

Lo cierto es que no. Un arenero gigante es eso: un arenero gigante. Pero no dos.

Del mismo modo, tampoco nos sirve tener un montón de areneros si los hemos colocado juntos o en la misma zona. A ojos de nuestro gato, eso es un único arenero. Puede que un poco más grande, pero solo uno.

Mi consejo: coged esos areneros, separadlos y repartidlos por la casa. De este modo, os aseguráis de que vuestro amigo pueda recorrerla con seguridad y que tenga acceso a sus areneros siempre que lo necesite. ¡Expandamos el amor gatuno!

Pero en algo sí tiene razón Yolanda: el arenero *purrrfecto* es grande.

EL ARENERO *PURRRFECTO*

Insisto: un arenero es mucho más que un cuarto de baño para vuestros compañeros de ronroneos. Y ahí dentro hacen muchas más cosas que solo orinar. De hecho, según un estudio publicado en *Applied Animal Behaviour,* nuestros gatos pueden mostrar hasta treinta y nueve comportamientos distintos cuando entran en su arenero. Es cierto, orinan, pero también, por ejemplo, olisquean el cajón antes de entrar, rastrean la arena para saber si está limpia, la remueven para buscar el mejor sitio dentro del cajón, giran un par de veces antes de hacer pis. Y también les gusta poder remover la arena tranquilamente para taparlo.

Nuestros gatos necesitan hacer todo esto de forma cómoda. Olvidemos los areneros diminutos que obligan a nuestros gatos a encogerse para usarlos. El arenero *purrrfecto* tiene que ser grande y amplio.

Mi consejo: una regla gatuna sencilla, que funciona muy bien, es que el arenero mida al menos una vez y media el tamaño de nuestro gato. Si es más grande, mejor.

Por ejemplo, nuestra gatita Chloé mide, desde la cabeza hasta el inicio del rabo, cuarenta centímetros. A esto tenemos que sumarle media gatita más: veinte centímetros. Por lo que su arenero debería medir unos sesenta centímetros de largo.

Purrr.

BRICOGATUNOS

 EN 15 MINUTOS!

El mejor arenero de la sabana

Brackett Omensetter se estira junto a su arenero *purrrfecto*. Una caja de almacenaje grande adaptada, en la que puede entrar y girar a su ritmo gatuno. ¡El mejor arenero de la sabana!

—Ya, pero mis gatos tienen los areneros más grandes que he encontrado. No existe un arenero de mayor tamaño —insiste Cristina, que comparte su vida en Madrid con sus gatos Odie y Puma. Tanto Odie como Puma son bastante más grandes que nuestra gatita Chloé.

Sea como sea, podemos fabricarnos un arenero *purrrfecto* y grande en casa. Es barato, y lo más importante, tanto mis propios gatos como mis clientes gatunos le dan el aprobado alto, ¡y muy ronroneante!

Materiales

- Una caja de almacenaje de plástico, cuanto más grande, mejor (la ideal es de 75 × 40 cm).
- Un rotulador.
- Un serrucho de bricolaje (es más fácil con una herramienta eléctrica de corte).

Elaboración

- **PASO 1:** marcad con un rotulador la apertura semicircular del arenero en uno de los lados largos. Sed generosos: las aperturas amplias y de fácil acceso son más gatunas. No levantéis la entrada a más de un palmo del suelo.
- **PASO 2:** recortad con el serrucho. Si quedan salientes puntiagudos, podéis pasar una lija suave. No hace falta que quede perfecto: vuestros gatos usarán las irregularidades para frotar su carita en ellas, ¡y dejar esos *miausaps* que harán su arenero un lugar aún más ronroneante!
- **PASO 3:** ¡ya lo tenéis! Listo para llenar de arena *purrrfecta*.

Mi consejo para gatos mayores: lo bueno de este arenero es que podemos adaptarlo a las necesidades de nuestros amigos y bajar el acceso para ayudar a nuestro gato mayor a entrar, ¡como el tigretón sabio que es!

EN MI SABANA LA ARENA ES FINA

—Eva, he probado muchas arenas y la que prefiero es una arena que es como de cristales, porque no echa polvo —me cuenta otro día Óscar, que vive con sus gatos Yumi y Milo en Valencia.

—¿Y tus gatos la usan? —le pregunto.

—No, la verdad es que no —me confiesa Óscar.

En el mercado hay muchos tipos de arenas y, por desgracia, buena parte de ellas están más pensadas para satisfacernos a los humanos, que somos quienes las compramos, que a nuestros gatos. Los sustratos no siempre tienen la textura que nuestros tigretones reconocen como adecuada o la arena no es tan fina como debiera. Ocurre con los llamados cristales o arena de sílice, que muchos gatos, entre ellos Yumi y Milo, rechazan. Tiene sentido, porque las almohadillas de sus patas son muy sensibles y les incomoda pisar una arena que sea gruesa, o angulosa: les hace daño.

Recordad que nuestros camaradas de ronroneos aún tienen dos patas en su lado salvaje y que el gato norteafricano vive en la sabana, lo que explica que los nuestros tengan una preferencia instintiva por la arena fina.

Mi consejo: escoged una arena mineral, fina, con una textura similar a la de la arena del desierto. O una arena vegetal o biodegradable, cuanto más fina, mejor. Una arena sencilla, aglomerante, que compacte o forme una bola cuando se moja, suele ser la mejor. Ensucia menos el arenero y a nosotros nos resulta más fácil mantenerlo limpio.

¿Y cuánta arena pongo? Los gatos suelen preferir entre tres y cinco centímetros de espesor. No olvidéis añadir nuevo sustrato cuando falte.

PESADILLA GATUNA: LA ARENA PERFUMADA

Todos los gatos prefieren la arena sin olor. Es más, la arena perfumada puede resultarles desagradable o incluso afectar a su olfato.

Vuestro gato tiene 200 millones de células receptoras de olor, mientras que los humanos apenas tenemos 56 millones. Por eso, una arena perfumada que a nosotros apenas nos huele puede provocar que vuestro amigo gatuno deje de utilizar su arenero y escoja otros sitios, como la bañera o nuestra cama, para hacer sus necesidades.

Por el mismo motivo, tampoco es buena idea utilizar ambientadores en las zonas donde están los areneros: su olor convertirá el arenero en un sitio poco apetecible.

«NO BORRES MIS *MIAUSAPS*»

Hay otro motivo para no usar arenas perfumadas: borran o camuflan los *miausaps* de nuestros amigos. Además de con las patas y con la cara, nuestros gatos también envían *miausaps* con las glándulas anales y estos mensajes químicos tan importantes quedan en su arenero.

Recordad que nosotros no los olemos, pero que para nuestros camaradas ronroneantes resultan esenciales: los ayudan a sentirse seguros y felices en casa.

PREGUNTA A EVA

¿*Limpiar el arenero una vez al día es suficiente?*

Lo cierto es que no. Un arenero *purrrfecto* nunca debe oler, y en esto los gatos sí se ponen de acuerdo. Cuando les damos a escoger entre un arenero limpio y otro usado, siempre escogen el limpio. ¡Exactamente como haríamos nosotros!

Mi consejo: si queremos hacer feliz a nuestro gato, y todos lo queremos, mantengamos su arenero limpio. Retiremos con la pala la orina y las heces, como mínimo, dos veces al día. Si puede ser más, mejor.

El cajón debemos limpiarlo dos o tres veces al mes, en función de la arena —las que aglomeran lo mantienen más tiempo limpio—. No uséis un detergente fuerte, como la lejía o el amoniaco, ya que resulta desagradable para la sensible nariz de nuestros gatos. Un jabón normal es más que suficiente.

¿PIS EN EL INODORO? NO ES GATUNO NI DIVERTIDO

En YouTube encontramos vídeos de gente que enseña a sus gatos a orinar en el inodoro humano. No es buena idea. Nuestro amigo corre el riesgo de caerse dentro de la taza. Además, saltar y hacer equilibrios en el inodoro se complica a medida que los gatos se hacen mayores, ya que aumentan los problemas de artritis.

Un gato reacio aguantará todo lo posible las ganas con tal de ahorrarse el mal trago de subir a la taza. Lo que puede desencadenar problemas de salud, como cistitis y problemas renales, ya que nuestro amigo no hace pis cuando lo necesita.

Otra razón para no intentarlo. Como humanos conscientes, preocupados del bienestar y la salud de nuestros amigos, nos interesa saber qué sale de nuestros gatos: queremos revisar que la orina y las heces son las de un gato sano.

¿TAPADO O DESCUBIERTO?

Esta pregunta tiene miga. Cuando preguntamos a los gatos si prefieren un arenero abierto o uno cubierto, como una caja cerrada con tapa —y, por suerte, hay muchos estudios sobre areneros—, los gatos no se ponen de acuerdo.

Unos prefieren los areneros abiertos, otros parecen escoger los cerrados y a un tercer grupo les da igual. Ahora bien, hay varias razones por las que yo prefiero los areneros abiertos. Tras haber ayudado a cientos de gatos a resolver sus problemas con el arenero, la experiencia me dice que «ojos que no ven, arenero que no se limpia». Y esto, como hemos aprendido, sí les importa a nuestros felinos.

Mi consejo: entre abierto o cerrado, abierto.

PREGUNTA A EVA

¿Y dónde coloco el arenero?

—Tengo un arenero en la terraza y otro en el cuarto de baño. ¿Es suficiente? —me pregunta Berta durante una consulta en la que le doy pautas para reducir la ansiedad de su gata Mela.

Mela no acaba de sentirse a gusto en el apartamento que comparte con Berta en Burgos. Y, entre otros síntomas de ansiedad, como maullidos repentinos en mitad de la noche, Mela ha empezado a acicalarse la tripa hasta provocarse calvas. Berta ha llevado a Mela a la clínica veterinaria, y su doctora gatuna ha descartado un problema de salud o de piel. Se trata de un problema de ansiedad felina. Por eso, en esta consulta reviso su entorno para gatificarlo y ayudar a Mela a sentirse más segura y tranquila.

Mucha gente, como Berta, esconde el arenero en la terraza de la cocina o en el cuarto de baño, y estos no son los sitios más idóneos para colocarlos. ¿Qué pasa si nuestra gata tiene ganas de hacer pis y justo en ese momento nos estamos dando una ducha larga y placentera? Pues que encontrará que no tiene arenero, ya que la puerta del baño estará cerrada.

Mis consejos: el arenero es clave para el bienestar y la felicidad de vuestros amigos bigotudos. Estos consejos son un muy buen punto de partida:

- Los areneros tienen que estar siempre disponibles y ser accesibles para nuestros compañeros.
- A la hora de elegir dónde colocarlos, tenemos que ponerlos donde los humanos y los gatos hacemos nuestra vida. Un buen sitio es, por ejemplo, el salón o alguna habitación tranquila donde todos paséis tiempo.
- Escoged sitios tranquilos, que no sean de paso: evitemos los pasillos.
- Nunca coloquéis el arenero junto a la comida ni junto a la bebida de vuestros camaradas de ronroneos.

Y HAY MÁS...

También soy consciente de que hay mucho más que podríamos decir de los areneros. Os comprendo, porque cada gato es único, al igual que cada familia y cada hogar. Ya sabéis que a veces se mezclan problemas veterinarios. O de ansiedad. Peleas entre gatos. O miedos, que también afectan, ¡y mucho! Cuestiones que hay que trabajar por separado en la consulta felina de un profesional. Su felicidad depende de ello, y nuestras queridas bolas nos lo agradecerán, ya lo veréis.

A ronroneo limpio.

Capítulo 6

Vida en las alturas

Una mañana de noviembre me encuentro en el salón de dos hermanos gatunos pelirrojos llamados Leo Kodak y Margot Nebula, en Madrid, durante una consulta por videollamada.

—Son dos gatos adorables; pero tienen la costumbre de subirse a la encimera de la cocina y no conseguimos que dejen de hacerlo —me cuentan Águeda y Pablo, los humanos de estos dos surferos de encimera peludos.

Echo un vistazo a la pantalla y compruebo que desde ahí arriba estos dos tigretones tienen una perspectiva privilegiada de toda la casa.

—¿Y hay algún sitio más al que les guste subirse? —les pregunto, mientras descubro que Leo Kodak tiene su mirada verde y fija en las cortinas. Dos segundos después, como si tuviera velcros en las patas, nuestro tigretón trepa por las cortinas hasta alcanzar el alféizar de la ventana. Una vez arriba, se acomoda para observar lo que sucede en la calle. Su cuerpo esbelto crea un bonito parteluz que proyecta su sombra sobre el suelo.

—Se suben a todas partes, las permitidas y las que no: como ves, trepan por las cortinas. Suben a la mesa del comedor. Tiran los libros para saltar a las estanterías. Nebula hasta duerme encima del lavabo cuando hace calor. ¡A veces nos ponen muy nerviosos! —reconoce Pablo.

Pero ni Nebula ni Leo Kodak lo hacen con mala intención ni por incordiar a sus queridos humanos. *Purrr* supuesto que no. Es más: a los gatos no solo les gustan las alturas. Las necesitan para ser felices.

¿Queréis saber por qué? Os lo cuento ahora.

CABO, EL ESCALADOR PELUDO

Lo primero que necesitáis saber es que **todos los gatos son trepadores por naturaleza.** Trepar y subir a sitios altos es un instinto heredado de sus ancestros. También un comportamiento natural que ponen en práctica en cuanto descubren que tienen garras retráctiles, que pueden esconder y sacar cuando las necesiten, como aprendí el día que conocí a Cabo.

La primera noche que Cabo pasó en nuestro piso de Madrid, durmió enroscado sobre una manta encima del sofá de mi estudio. Lo trajimos de casa de una mujer admirable que dedica su vida y su dinero a rescatar gatos en apuros, que viven en la calle sin que nadie los cuide, como era el caso de Cabo. Era tan enano —«un pequeño destructor en potencia», bromeamos al ver las garras de nuestra panterita—, que cubrí todo el sofá con toallas, incluidos los bajos, por miedo a que pudiera esconderse ahí debajo y quedarse atrapado.

Por la mañana, le serví sus croquetas mojadas en agua templada en un plato de postre, y bajé a mi panterita al suelo para que desayunara. Tras vaciar su platito y relamerse, Cabo volvió al sofá, pero no de un salto. ¡Era una montaña demasiado alta! Al contrario, Cabo sacó sus garritas y las enganchó con calma en la toalla, como si se trataran de los piolets de un escalador en una montaña helada.

Una patita tras otra, una patita tras otra, continuó su simpático vaivén peludo hasta conquistar la cima. No era una montaña helada sino *su* sofá, su sitio seguro. Y, *purrr* supuesto, garrita a garrita, Cabo acababa también de coronar mi corazón.

¿POR QUÉ TREPAN LOS GATOS?

A todos los gatos les gustan las zonas altas. Subir a sitios elevados les permite controlar «su sabana», en este caso, nuestro hogar. Lo hacen los tigres cuando sestean cerca de la copa del árbol o los gatos norteafricanos cuando trepan a la rama más alta. Además, esta posición ventajosa los protege de posibles peligros, ya que los verán aparecer antes que nadie: un gato más grande o un cánido, como un zorro o un lobo.

Y esto es justo lo que Leo y Nebula encuentran en la encimera: un otero ideal desde el que no perder detalle de todo lo que sucede. Además, como ya os imagináis, de algún bocado de comida extra que sus humanos hayan olvidado. También lo que un diminuto Cabo encontró en el sofá: un sitio alto en el que sentirse protegido.

Ahora ya lo sabéis: esta posición elevada les posibilita controlar de un solo vistazo todo lo que ocurre en el sitio que consideran su hogar: algo crucial para que puedan sentirse seguros y felices.

TU AMIGO GATUNO NECESITA ESPACIO

Los gatos pueden ser amigos *purrrfectos* y forjar grandes amistades con otros gatos. De hecho, mis siete gatos caseros son amigos y algunos lo son mucho: Travis y Brackett Omensetter comparten la cama y se usan mutuamente como almohada durante sus siestas, trepan al árbol rascador de mi habitación a la misma hora, juegan juntos y disfrutan de su compañía incluso cuando solo se trata de mirar por la ventana. Pero, antes de nada, necesitan sentirse seguros en su territorio. Para lograrlo, el espacio vertical es crucial.

—Cuando llegó mi gato Brownie a casa empezaron las peleas: nuestra gata Blue no está cómoda y ninguno de los dos parece dispuesto a compartir su espacio. En cuanto Blue entra en el salón, Brownie la acorrala, bufa y gruñe hasta que consigue echarla —me cuenta angustiada Elena, que vive con su familia gatuna en un piso de unos ochenta metros cuadrados en Madrid.

Es cierto: nuestras casas son cada vez más pequeñas; sobre todo, si vivimos en una gran ciudad, y muchos queremos adoptar varios gatos, por lo que les hacemos compartir espacios cada vez más concurridos. Y esto puede provocar conflictos.

PREGUNTA A EVA

¿Cómo logro que mi gato acepte a un nuevo amigo peludo en casa?

—Eva, estoy pensando en adoptar a un segundo gato, pero no estoy segura de cómo hacerlo o de si se llevará bien con Simón, mi gata— me dice Vanesa, que vive con su amiga peluda en Mieres, Asturias.

Lo primero, cuando traemos al gatito o gato adulto (digamos de una protectora o rescatado de la calle), necesita una habitación cerrada toda para él: con su cama, un refugio gatuno, arenero, árbol rascador, comida, agua y juguetes. Todo nuevo o que ya fueran suyos. Por lo tanto, una de las primeras cosas que podéis hacer para que se conozcan es intercambiar sus camas porque estarán impregnadas de su olor felino característico. También podéis acariciar con un guante de tela o trozo de algodón (vale una camiseta) las áreas faciales que segregan sus *miausaps*.

Recordad: hablamos de la barbilla, de la zona detrás de los bigotes y de esas calvas tan adorables que vuestros dos amigos tienen debajo de las orejas. Si oléis la tela, no distinguiréis nada. Pero si la colocáis en la habitación donde está el otro gatito, ellos serán más que capaces de detectar la presencia de su futuro amigo *purrrfecto* como si estuviera justo a su lado, y podrán leer sus mensajes. Para que nuestros amigos peludos aprendan a llevarse bien, podemos ofrecerles igualmente su comida preferida cerca de la puerta que los separa.

Mi truco gatuno: para los siguientes encuentros, utilizad alguna separación como una barrera infantil o una valla pequeña. De este modo, podrán acostumbrarse de manera gradual a la presencia del otro sin miedo a llevarse un arañazo.

Lo más importante es no correr. Si dos gatos se pelean durante su primer encuentro, será más difícil que logren llevarse bien más adelante. El primer encuentro resulta crucial. Poco a poco, lograréis que se sientan más cómodos e incluso que se hagan amigos. Tened en cuenta que algunos gatos prefieren no compartir su casa. Si tenéis dudas, os aconsejo que pidáis cita de comportamiento felino para supervisar el proceso y adaptarlo a las peludas necesidades no solo de vuestros amigos, sino de vuestro hogar.

Pensar como un gato os ayuda a forjar una relación de amistad duradera, calmada y llena de amor entre vuestros dos camaradas de ronroneos, además de mejorar su bienestar. Os lo agradecerán a ronroneo limpio.

«MI MUNDO TIENE TRES DIMENSIONES»

Mientras que los humanos estamos muy centrados en el espacio en dos dimensiones y en cuántos metros cuadrados tiene nuestra casa, los gatos piensan en tres dimensiones, y las usan para explorar y vivir en su territorio: su sabana, nuestro salón.

Lo estupendo de colocar árboles gatunos con plataformas a las que trepar y desde las que sestear (¿os acordáis que hablamos de ellos en el capítulo anterior?) y baldas gatunas en las paredes es que permiten a varios gatos coexistir de forma pacífica. Con el espacio vertical que generan esos árboles a los que trepar y baldas a las que saltar, vuestros amigos ronroneantes pueden compartir un mismo metro cuadrado de superficie horizontal sin molestarse. A ojos gatunos, la casa crece. Y eso fue justo lo que hicimos en casa de Blue y Brownie durante las consultas: añadir espacios verticales para que hubiera paz. Colocamos un par de árboles gatunos adicionales y altos junto a las ventanas, para que Brownie y Blue pudieran ver a los pájaros del parque que hay debajo de su casa. Y añadimos unas baldas en forma de escalera y camas gatunas en altura, atornilladas a la pared, en el despacho de Elena, para que Brownie pudiera estar junto a su humana mientras que ella teletrabajaba. Esto fue crucial para que la armonía gatuna volviera a reinar en su casa.

«TREPAR CUIDA MI SALUD, ¡Y ES DIVERTIDO!»

Podemos decir más: los gatos que tienen zonas altas a las que trepar en casa, como árboles gatunos, gozan de mejor salud. Según un estudio realizado en Corea del Sur en 2018, colocar árboles o baldas accesibles en la pared, es decir, espacio vertical que puedan utilizar, reduce hasta cuatro veces el riesgo de que sufran enfermedades urinarias, como la cistitis, un problema de salud muy frecuente y doloroso en nuestros camaradas de ronroneos caseros, y que sabemos que está relacionado con el estrés o la ansiedad gatuna.

Todos los gatos necesitan un entorno divertido y complejo que los estimule mental y físicamente, y un árbol gatuno alto o una zona gatificada con baldas, diseñada para ellos, puede convertirse en un espacio de juego y ejercicio.

¿Os cuento una anécdota? Mi gata Martes se ha ganado el apodo de Fantasmita Trepador gracias a uno de sus juegos preferidos. Trepar con la elegante destreza de una *prima ballerina* el árbol gatuno más alto de la casa: un tronco robusto de cerca de tres metros ¡y de golpe! Antes de enganchar sus garras en la corteza de cuerda de su árbol, mi Fantasmita blanco da un espectacular brinco con propulsión a pelo que siempre me sorprende. Con que, *purrr* supuesto, me arranca varias carcajadas al día.

Mi consejo: colocar varios árboles gatunos altos a los que nuestros gatos puedan trepar es un modo divertido de animarlos a hacer ejercicio.

GATIFICAR NOS CONVIERTE EN HUMANOS *PURRRFECTOS*

Sabemos por diferentes investigaciones que, **cuando nuestros amigos disponen de alturas a los que subir, interactúan más con nosotros, y nos buscan más veces para pedirnos caricias y que juguemos con ellos.** ¡También abajo, en el suelo! Esto también ayuda a que los gatos que buscan una familia que los cuide como merecen en los centros de adopción interactúen más con los adoptantes, lo que consigue que encuentren un hogar antes.

Ahora ya lo sabéis: disponer de zonas verticales ayuda a los gatos a sentirse más tranquilos a nuestro lado, y nos convierte en sus humanos *purrrfectos*.

PREGUNTA A EVA

¿Cómo meto un árbol gatuno si mi casa es pequeña?

—Ya Eva, pero mi casa es demasiado pequeña para meter un árbol para gatos —me dice Maite, que vive con su gata Mafalda en Santander.

—Es justo lo contrario: tu gata necesita un árbol gatuno precisamente porque tu apartamento es pequeño —respondo con una sonrisa.

Añadir árboles y crear zonas elevadas en casa para nuestros gatos no es un lujo: es una necesidad. Nos permite expandir el espacio disponible para nuestros gatos. De ello depende su bienestar. Y, como ahora ya sabéis, es un requisito esencial para hacer felices a nuestros amigos.

EN RESUMEN...

¿Por qué colocar alturas gatunas en casa?

- Si añadís alturas en forma de árboles y baldas adaptadas, vuestros amigos vivirán más tranquilos y contentos.
- A los gatos les encantan las alturas, ¡y las necesitan!
- Un gato que tiene varios árboles rascadores altos o unas baldas a las que subirse va a sentirse más seguro. Y, por tanto, más feliz.
- El espacio vertical permite a nuestros gatos coexistir de forma pacífica.
- Vuestros amigos podrán recorrer la casa de forma segura, sin tocar el suelo. Esto es aún más importante cuando vivimos con niños o perros, a los que nuestro gato prefiere ver desde la distancia.
- Mejoraréis la relación con vuestros amigos gatunos. ¡Os verán como sus humanos *purrrfectos*!
- Puede reducir problemas de salud dolorosos, como la cistitis.

¿Qué me decís? ¿Lo intentamos? La solución más sencilla es colocar buenos árboles rascadores para gatos o instalar baldas gatunas en una pared. Mejor aún, combinar ambas opciones.

UN ÁRBOL PARA TREPAR A LA CIMA DE MI MUNDO

Martes (arriba) y Frida comparten, sin molestarse, un árbol gatuno de tres alturas en el salón, un mueble que combina plataformas, camas y zonas de rascado.
Su árbol está colocado junto a una ventana que sirve de tele gatuna.

Muchos árboles gatunos ofrecen una combinación de zonas verticales y de rascado. Estos muebles cuentan con diferentes plataformas, a modo de escalera, camas en altura para ronronear a pata suelta, y cuevas o refugios gatunos desde los que controlar el mundo acurrucados y sin ser molestados.

Mi consejo: cuanto más altos sean, mejor. Los gatos prefieren los árboles rascadores que disponen, al menos, de dos o tres alturas. Si habéis saltado a esta parte sin leer el capítulo anterior, os recomiendo que reviséis el apartado «En busca del rascador *purrrfecto*».

UN SITIO RONRONEANTE

Si realmente queremos hacer felices a nuestros gatos, vamos a crear espacios que, además de altos, resulten útiles. Me da una pena tremenda cuando, durante mis consultas, reviso el entorno de los gatos y veo un árbol rascador maravilloso y caro ¡en una pared aburrida del salón!

No coloquemos los árboles rascadores o las zonas elevadas en la última esquina de casa. Mejor situémoslos en una zona soleada, donde nuestros amigos puedan sestear mientras se derriten al sol y ronronean de puro placer. Mejor todavía: coloquemos esos preciosos árboles cerca de una ventana que, además de soleada, sea interesante. Es lo que llamo una *televisión gatuna*.

PREGUNTA A EVA

¿Qué hace mi gato cuando yo no estoy?

—Eva, me preocupa saber qué hacen mis gatos Horus, Ra y Mut cuando salgo por la mañana a la oficina. A veces, paso muchas horas fuera de casa, y quiero saber que están bien. Estoy pensando en colocar una *webcam* —me cuenta Tatiana, que vive con sus tres camaradas de ronroneos en Madrid.

Uno de los grandes misterios peludos es descubrir qué hacen nuestros gatos cuando no estamos en casa. Os intriga, ¿verdad? Y si alguien nos pregunta, es muy probable que contestemos que dormir. En parte, es cierto, ya sabemos que los gatos son dormilones por naturaleza y necesitan sestear más horas que nosotros.

Pero igual os sorprende conocer el resultado de un simpático estudio titulado *Caregivener perceptions of what indoor cats do «for fun»* (2005) *(Lo que creen los cuidadores que sus gatos hacen por diversión)*, que ofrece otra clave acerca de qué hacen nuestros camaradas con su tiempo. Pues bien: además de entregarse a los brazos de Morfeo, y, conociéndolos, ronronear en su regazo, el 80 % de nuestros amigos dedican unas cinco horas diarias a mirar por la ventana.

DICCIONARIO PELUDO

Televisión gatuna

Billy se relaja frente a su tele gatuna: una ventana protegida a través de la cual observa a un mirlo brincar y comer insectos del prado. ¡Nada mejor contra el aburrimiento gatuno!

A través de la ventana, los gatos observan la llegada de los pájaros, examinan los insectos que aterrizan en el cristal y, si no tienen nada mejor que mirar, vigilan a los viandantes que cruzan la calzada, entre otras cosas en movimiento que captan su atención. Estas ventanas interesantes son lo que yo llamo *teles gatunas*.

Para nosotros, la tele es un sitio donde fijar nuestra atención y relajarnos. No importa ni lo agobiante ni lo caótico que haya sido el día. Sabemos que podemos sentarnos delante de la tele y que, si ponemos un episodio de nuestra serie favorita, las preocupaciones desaparecerán. Al menos mientras dure el episodio.

Como nosotros, nuestros gatos también disfrutan de sus series favoritas, y aunque les aburra la saga de *Juego de tronos* o las aventuras insustanciales de una joven ejecutiva que narra *Emily en París*, a nuestros gatos sí les interesa, y mucho, lo que ocurre al otro lado de la ventana.

Mi consejo: disponer de teles gatunas interesantes mantiene entretenidos a vuestros gatos durante horas, reduce su aburrimiento y también su ansiedad.

¡OJO CON LAS VENTANAS Y TEJADOS!

Además de observar, a los gatos les encanta respirar el aire del exterior. Pero para abrir las ventanas y aprovechar esas teles gatunas al máximo, necesitáis protegerlas con redes para evitar que se caigan. Lo mismo cuenta para los tejados. El peligro es muy real en ambos casos: una caída puede ser fatal para nuestros amigos. No solo hay riesgo de fracturas o contusiones serias: también pueden asustarse y, por tanto, desorientarse y perderse si caen a la calle y no nos damos cuenta.

Proteged los balcones y ventanas: si queréis que vuestros gatos disfruten de una ventana abierta o de un balcón, necesitáis instalar una reja o red segura que impida que se caigan, algo que sucede con una frecuencia mayor de la que imaginamos.

Las ventanas batientes son igual de peligrosas y muchos gatos se quedan atrapados en ellas. Podéis comprar unas rejillas protectoras especiales para evitar que vuestros amigos se queden enganchados.

¿Y qué hacemos con los tejados? Insisto: son peligrosos, igual que las cornisas. Os propongo proteger las ventanas, como decimos arriba. O crear un *gatio miauravilloso* (un poco abajo os cuento qué es y cómo montarlo).

EL TRUCO GATUNO DE EVA

Cómo crear una tele miauravillosa

Ahora ya lo sabéis: una ventana accesible y protegida es la plataforma de *streaming* favorita de vuestro gato; una pantalla que no deja de cambiar y en la que, cada día, puede disfrutar de un episodio distinto. Las buenas teles gatunas espantan el aburrimiento y mantienen su adorable cabeza ocupada. Y todo esto explica por qué proporcionan felicidad a nuestros camaradas de ronroneos: los ayudan a vivir más tranquilos y entretenidos.

Si colocáis el árbol gatuno cerca de una ventana, vuestro gato sentirá que tiene su propia torre vigía, y usará más su árbol. Desde este lugar privilegiado, podrá controlar todo lo que ocurre ahí fuera. En otros maullidos, acabáis de crear una tele gatuna *miauravillosa*.

No os conforméis con una. El hecho de montar diferentes televisiones gatunas en casa puede marcar un antes y un después en el bienestar de vuestro gato. Ya lo sabéis: aprovechad a tope esas ventanas interesantes.

Estas teles gatunas previenen el aburrimiento, sobre todo cuando vuestros amigos pasan tiempo solos en casa. También reducen el estrés y la ansiedad, que son el inicio de muchos de los problemas que trabajo con frecuencia en mi consulta de comportamiento felino.

BRICOGATUNOS

 **EN 7 MINUTOS**

Un árbol con cajas para trepar a la tele

Podemos montar árboles gatunos para trepar a la ventana —perdón, gatitos, a la tele *miauravillosa*— con cajas rígidas de madera. Son muy versátiles, ya que podemos apilarlas una sobre otra, y crear así zonas elevadas que los lleven a una tele gatuna.

Materiales
- Varias cajas de madera del mismo tamaño. Lo ideal es que tengan un ancho, al menos, de 30 cm, y un largo mínimo de 50 cm. El número exacto de cajas dependerá de la altura de vuestra ventana. En este caso, vamos a construir un árbol con 6 cajas, pero podéis idear vuestra propia versión. Objetivo peludo: alcanzar la altura de la ventana.

Elaboración

- **PASO 1:** colocar las cajas de lado en el suelo y hacer tres columnas: queremos crear una escalera. La primera columna tiene una caja; la segunda dos; la siguiente, tres...

- **PASO 2:** colocar mantas en una (o varias) de las cajas de madera inferiores. De este modo, además de como peldaño, vuestro gato podrá utilizarlas como refugio donde sestear.

- **PASO 3:** llenar el resto de cajas de libros u otros objetos pesados. Esto evitará que se tambaleen y convertirá el árbol en el mueble robusto que a los gatos les gusta trepar.

- **PASO 4:** colocar una manta mullida o cama gatuna en la caja más alta. A vuestro gato le encantará vigilar todo lo que ocurre ahí fuera desde la copa de su nuevo árbol gatuno.

UN *GATIO* PARA TIGRE

—Eva, me gustaría que Tigre pudiera disfrutar de mi jardín, pero no me fío de dejarlo suelto, porque no está del todo protegido. ¿Qué me recomiendas? —me pregunta Irene, que vive con Tigre en Valencia, y acude a las consultas siempre en compañía de su hija Violeta.

—Te propongo construir un *gatio*.

—¿Un qué?

—Un patio protegido y seguro para gatos como Tigre: un *gatio*.

Si disponéis de un espacio exterior como el jardín de Tigre: un patio, un ático o una terraza, construir un *gatio* para vuestros amigos es el mejor regalo que podéis hacerles, y el mejor modo de hacerlos felices.

DICCIONARIO PELUDO

Gatio

Un *gatio* es un espacio cerrado o un cercado que construimos a nuestros amigos en una zona exterior para que puedan recorrerla y disfrutar de ella con total seguridad. Y que, *purrr* supuesto, nosotros podemos compartir con ellos.

PREGUNTA A EVA

¿Cómo construyo un gatio para mi amigo?

—¿Y cómo fabrico un *gatio* para Tigre? Mi jardín es grande y no es posible protegerlo por completo con verjas —me pregunta enseguida Irene.

Hay varias formas. En el caso del *gatio* de Tigre e Irene, decidimos utilizar una red gatuna segura para aprovechar un espacio techado que tenían adosado a la casa. Si, como ellos, en casa tenéis una zona exterior techada o un balcón, podéis fijar las redes con tornillos de gancho o alcayatas que se fijan al pavimento.

¡Ojo! Una vez instalada, no os olvidéis de revisarla para que vuestros amigos no puedan escapar arrastrándose por debajo o por detrás de algo.

Ahora bien, si construimos un gatio desde cero, resulta más sencillo utilizar rejas o vallas altas, que superen los dos metros y medio (mejor si el último tramo de la calla, en torno a medio metro, tiene inclinación hacia dentro) o instalar un porche adaptado con red o reja, que también quede cerrado por arriba.

TRUCOS GATUNOS

Vuestros amigos disfrutarán incluso de un *gatio* pequeño montado en un balcón o una terraza, con acceso desde una ventana o desde una puerta gatera. Este tipo de accesos para amigos ronroneantes, que tienen un marco y una solapa móvil para que la crucen sin problema, son fáciles de instalar: podemos colocarlas tanto en una pared como en una ventana. Pero, si tenéis más espacio exterior en casa, como es el caso de Irene y Tigre, un *gatio* de mayor tamaño es más ronroneante, sobre todo si vivís con más de un amigo peludo, ya que podrán compartirlo sin molestarse.

He aquí algunos trucos para que nuestros amigos disfruten a pata suelta de su *gatio*:

- Añadir piezas de madera o de cuerda para que rasquen y *marquen* el espacio.
- Crear una zona de sombra para los meses de calor.
- Incluir una maceta de hierba gatera, como la avena, que vuestros amigos puedan mordisquear felices mientras disfrutan del gran mundo exterior de forma totalmente segura.
- Una vez protegido el espacio, podéis añadir a vuestro *gatio* espacios verticales, *purrr* supuesto. Ahora os cuento cómo y qué necesitáis tener en cuenta.
- ¿Qué me decís? ¿Seguimos?

BALDAS Y PAREDES GATIFICADAS

Las zonas altas son geniales tanto dentro como fuera de casa; sobre todo, en un espacio protegido como el *gatio*.

Ya hemos hablado de los árboles gatunos. La segunda solución sencilla es colocar baldas adaptadas o, mejor, crear una pared gatuna con ellas. Pero antes, os quiero contar la historia de Violeta, una de mis pacientes gatunas, porque en ella encontramos claves para diseñar nuestros espacios verticales gatunos con éxito.

VIOLETA VIVE ENCIMA DE LA NEVERA

Cuando conocí a Violeta, una diva gatuna de pelaje carey, esto es, salpicado de manchas marrones, naranjas y blancas, nuestra amiga vivía encima de una nevera. Literal.

—Violeta no baja nunca de ahí, solo cuando necesita utilizar el arenero —me informó su humana, María, durante nuestra primera consulta felina. María incluso le colocaba su comida preferida encima de la nevera. También había instalado allí su cama.

Aunque Violeta pasaba el día en un sitio alto, esto es, la nevera, y hemos aprendido que las zonas elevadas ofrecen seguridad a los gatos, nuestra amiga aún sentía miedo. Tanto como para no bajar de ese electrodoméstico. El motivo: en cuanto ponía sus patitas en el suelo, sus hermanos gatunos, Nico y Catalina, la molestaban. Violeta no se sentía segura. Ni mucho menos era feliz.

No es la vida que deberíamos ofrecer a nuestros amigos. Si vuestro gato, como le ocurría a Violeta, da muestras de que no *elige*, sino que *necesita* pasar el día encima de un sitio alto determinado, del que apenas se mueve, hay que poner remedio. El único motivo por el que ha escogido ese sitio en alto es porque ahí abajo existe algo que le da mucho miedo, ¡tanto como pisar descalzo un suelo repleto de cristales rotos! Lo vi claro: mi objetivo era crear para Violeta una superautopista gatuna.

DICCIONARIO PELUDO

Superautopista gatuna

Martes recorre su superautopista gatuna; una plataforma elevada que rodea las paredes de su casa, y que le permite recorrer toda la habitación sin tocar el suelo. ¡Justo lo que necesita una gata feliz!

Una superautopista gatuna se compone de una serie de baldas y plataformas elevadas, colocadas a diferentes alturas, que permite a nuestros gatos moverse por el salón u otra habitación sin tocar el suelo. Una pasarela en altura que conecta espacios altos interesantes: refugios y camas altas, árboles y teles gatunas y, aún mejor, zonas donde comer o beber sin ser molestado.

Una superautopista gatuna es el mejor modo de asegurarnos de que nuestros amigos pueden recorrer de un lado a otro una habitación sin tocar el suelo. Es decir: sin perder la sensación de seguridad que necesitan para ser felices.

Eso fue justo lo que construimos para Violeta: una superautopista gatuna. Una pasarela de diez baldas en la pared y camas en alto, conectada con árboles rascadores y diferentes teles gatunas muy soleadas.

¡Misión peluda conseguida! Violeta pudo dejar la nevera con seguridad, y caminar por su casa sin tener que cruzarse con

Nico y Catalina. Lo más importante: nuestra amiga ha vuelto a disfrutar de lo que más le gusta hacer en el mundo: tomar el sol mientras ve a los pájaros pasar por su ventana.

PREGUNTA A EVA

¿Cómo monto una pared gatuna con poco dinero?

—Eva, me encantaría montar una pared vertical para Lilith con estanterías y puentes como las que veo en Instagram y TikTok. ¡Hay cosas increíbles! Pero no sé por dónde empezar. También tengo dudas de que esos muebles sean estables o de si le gustarán a mi gata. ¡Lilith es muy especial! —me dice Fernando, que vive con su compañera de cama y ronroneos en Navacerrada, en la sierra madrileña.

—Yo te ayudo a gatificar y crear esa pared vertical para Lilith —respondo ilusionada a Fernando, como hago con los pacientes que necesitan o quieren ayuda para gatificar sus casas.

—Pero no me quiero gastar mucho dinero. Lo que veo por internet me gusta, ¡pero hay cosas carísimas! —se queja Fernando.

—No te preocupes, podemos diseñar una zona vertical para Lilith con poco dinero.

Mi plan gatuno para Lilith y Fernando: usar baldas que le gusten a él, pero que le resulten útiles a Lilith, y, para abaratar más los costes: aprovechar los muebles que Fernando ya tiene en casa.

NO ES UN ROCÓDROMO PARA GATITOS

Ni la distancia entre las baldas ni el salto para aterrizar en su árbol gatuno deben ser excesivos. Vuestro amigo debería poder caminar por su sabana casera como haría en su sabana salvaje: de forma cómoda, de rama en rama. No queremos montar un rocódromo para gatitos, ni obligar a nuestro amigo a saltar a pecho descubierto dos metros hacia arriba cada vez que quiera utilizar su nueva cama.

Tened en cuenta algo más: un gatito joven saltará feliz de una balda a otra, pero a un gatito anciano le costará más, y a ellos también les gusta acceder a sus zonas altas seguras y ronroneantes.

DOS MEDIDAS RONRONEANTES

Ni Lilith ni vuestro gato van a utilizar el espacio vertical si les queda demasiado alto. Por eso, existen dos números ronroneantes que no podemos descuidar.

Medida ronroneante 1: para que vuestros gatos anden tranquilos por sus baldas, las estanterías deben tener un ancho mínimo de veinte centímetros. Mejor aún si son de treinta centímetros. De este modo, además de como lugar de paso, vuestros amigos podrán utilizar las baldas para descansar y sestear a pata suelta.

Medida ronroneante 2: a los gatos les gusta ver dónde van pisar antes de poner sus patitas. Por eso, la altura entre un paso y el siguiente, o entre una estantería y la próxima, no debe ser excesivo. Para acertar: medid a vuestros amigos desde las patas hasta los ojos, y no superéis demasiado esa altura. Como media, treinta centímetros funcionan.

VARIAS ENTRADAS Y SALIDAS

Si vivís con un camarada de ronroneos, hay que colocar los árboles y estanterías gatunas de modo que no pueda quedarse atrapado en un rincón. Si vives con más de un gatito, hay que pensar que ninguno pueda bloquear al otro el paso o acceso de una zona a otra. En otros maullidos: debe haber siempre al menos dos entradas o salidas.

BRICOGATUNOS

 **EN 5 MINUTOS**

Transforma una librería en un sitio gatuno

Si utilizáis los muebles que ya tenéis, ahorraréis dinero. Y una librería adaptada es una cama gatuna en altura *purrrfecta*.

- **PASO 1:** despeja la parte alta de la librería.
- **PASO 2:** sitúa cerca de la librería un árbol gatuno alto o crea una escalera en la pared con unas baldas. Hazla accesible.
- **PASO 3:** coloca una cama mullida ahí arriba para que tu amigo peludo pueda echarse su séptima siesta de la mañana en altura.

MIS RECOMENDACIONES GATUNAS

A los gatos les gusta caminar por su sabana, nuestro salón, con seguridad, como los tigres y las tigresas que son. No les gustan los sobresaltos ni los resbalones. Merecen que diseñemos sus espacios verticales con mimo y cuidado.

- Las baldas gatunas tienen que ser estables y aguantar el peso de nuestros gatos y gatas. Nada de balanceos.
- Cubridlas con tela rugosa, tipo felpudo o yute, o una alfombra, de modo que vuestros amigos no resbalen cuando suban o bajen de ellas. La seguridad lo es todo.
- Podéis colocar comida o agua encima de los árboles rascadores o sobre las baldas: así vuestro tigretón sabrá que siempre puede acceder a ellas sin ser molestado.
- Combinad estanterías, árboles rascadores y muebles que ya tenéis en casa, como una librería, y adaptarlos.
- Hacedlo interesante: no os olvidéis de conectar las estanterías y árboles con su tele gatuna preferida, ¡esa ventana en la que tanto le gusta pasar las horas!

UN REINO EN ALTURA PARA GATITOS ANCIANOS

Tanto Cooper como Cabo superan los diez años de edad. Pero ambos disfrutan de las siestas en las alturas tanto como lo hacían cuando eran unos cachorros. A Cooper le encanta trepar a la hamaca de la ventana cuando hace sol. Mientras que Cabo sestea en la cama alta del árbol que hay al otro lado de la habitación.

Recordad: **subir a zonas altas y descansar en las alturas también es importante cuando nuestros gatos se hacen mayores.** Pero subir a esos sitios altos puede complicarse, y nos toca ponérselo más peludamente sencillo.

- Una caja de madera o un mueble bajo colocado de forma estratégica puede ayudarlos a subir y bajar de su cama alta.
- Las escaleras para animales o rampas también resultan útiles, en especial, para que puedan subir a la cama o al sofá de forma cómoda.
- Los árboles gatunos pueden ser más bajos. Sobre todo, buscad aquellos con los pasos entre niveles más cortos.

El gato casero ha llegado para quedarse, pero dentro de él habita parte del felino salvaje que fue hace diez mil años. Un lado salvaje que necesitamos conocer bien, además de cuidar, mimar y estimular.

Todos ganamos cuando gatificamos nuestras casas. Ellos podrán comportarse como los gatos que son y nosotros podremos disfrutar de verlos así de felices.

Parte III

¡MÁS FELIZ TODAVÍA!

Capítulo 7

Comer
es divertido

Billy Boy está sentado delante de un enorme tablero de túneles, cuevas y vasitos. Cada vez que mete su patita en la cueva, saca una deliciosa croqueta. Y otra más. Ahora se agacha para observar el interior del túnel: «¿Quedará comida ahí dentro?», se debe estar preguntando mi tigretón gris. A su lado, Cabo se afana con un ratoncito de plástico que tiene un agujero en la tripa. Cada vez que lo zarandea, el ratoncito deja salir las croquetas que contiene. Y Cabo las devora con cara de felicidad peluda.

 Billy Boy con su rompecabezas de comida, un tablero con túneles y cuevas en cuyo interior se ocultan chuches gatunas y croquetas de comida, que él saca con ayuda de sus patas. «¿Quedará algo rico ahí dentro?», se pregunta. Cuando eres un gato, los genes te dicen que con la comida ¡sí se juega!

Los juguetes que usan Billy y Cabo son lo que llamo rompecabezas de comida para gatos. Y es que, cuando eres un felino, los genes te dicen que con la comida sí se juega. Quería empezar por aquí, y contaros por qué le doy a mis gatos rompecabezas para comer, y los beneficios que tienen estos juguetes. Pero me he dado cuenta de que antes tenemos que hablar de qué necesitamos poner en el plato, o en estos juguetes, para que nuestros gatos estén sanos y fuertes.

UNA TIGRESA EN LA COCINA

—A mi gata Hannya le encanta la pechuga de pollo; tanto, que a veces se la cuezo y le doy trozos grandes para que pueda mordisquearlos. Se pone muy contenta. ¡Hasta gruñe si alguien intenta acercarse mientras se la come! —me dice Mónica, que comparte su vida con su gatita de color marrón y enormes ojos ocres en Valencia.

Si vivís con un gato, os habréis dado cuenta de que les encanta la carne, y también el pescado. No es un capricho peludo: **todos los felinos son carnívoros por necesidad. Su entusiasmo por la carne es puro instinto, la necesitan para sobrevivir.** Todos los felinos son lo que llamamos de forma técnica *carnívoros obligados*. Los gatos comen carne y poco más. La necesitan para estar sanos.

PREGUNTA A EVA

¿Puedo hacer a mi gato vegetariano?

—Eva, en casa seguimos una dieta vegetariana. ¿Puedo darle a mi gata Blanqui más verduras y menos proteínas? —me pregunta una tarde Diana, que vive con una tigresa del color de la nieve a la que le encanta pasear por su jardín y devorar latitas de salmón.

—La dieta de Blanqui es algo que necesitas discutir con tu veterinario, es la persona que mejor sabe qué necesita comer tu gata para estar sana —respondo a Diana, como hago con todos los pacientes que me hacen preguntas sobre qué deben comer sus gatos.

Pero la respuesta es no. **Los gatos no pueden sobrevivir con una dieta vegetariana.** El motivo, como tantas veces ocurre en cuestiones bigotudas, está en los genes y en nuestra sabana africana. Os acordáis del gato norteafricano, ¿verdad? **Si la evolución te prepara para capturar pequeños roedores y alimentarte casi exclusivamente de carne, de nada te sirven las enzimas que transforman las plantas en nutrientes.** Por eso, en el viaje de la evolución, los gatos perdieron estos genes capaces de transformar las verduras y plantas en nutrientes para su cuerpo.

Este es el motivo que explica por qué ni Billy, ni Hannya, ni Blanqui ni ningún gato es capaz de fabricar aminoácidos esenciales, como la taurina y la arginina, a partir de verduras. Para no enfermar, necesitan obtenerlos a través de la carne. Ahora ya lo sabéis: que coman carne no es un capricho, es una necesidad.

¿Y qué hay de los piensos vegetarianos o veganos para gatos? Es cierto, en el mercado encontramos piensos para gatos «vegetarianos» y hasta «veganos». Pero, insisto, el problema es que los gatos son carnívoros obligados, incapaces de producir nutrientes importantes como la vitamina A o la vitamina D. Como aclara el antropozoólogo John Bradshaw, referente en biología y comportamiento felino: «Es bastante difícil formular una dieta vegetariana saludable para un gato; de hecho, la comida nutricionalmente completa para gatos solo se ha generalizado y hecho accesible hace apenas 35 años, más o menos».

CIENCIA GATUNA

¿Sabías que no saboreo el dulce?

Es probable que nos preguntemos por qué nuestros sacos de mimos ignoran comidas que a nosotros nos vuelven locos, como el dulce, por ejemplo. La ciencia ha encontrado la respuesta: los gatos, al igual que los tigres, leones o leopardos, no detectan el azúcar.

En 2005, el equipo del Centro de Investigación del Gusto y el Olfato de Filadelfia hizo un experimento. Fueron al zoo de la ciudad y dieron a probar a una amplia muestra de felinos dos tipos de agua: una azucarada y otra sin azúcar. Los resultados fueron sorprendentes: ninguno de ellos se interesó por el agua azucarada, y el porqué lo volvemos a encontrar, otra vez, en sus genes.

En algún momento de su proceso evolutivo los felinos sufrieron una mutación genética que les hizo perder la capacidad de saborear lo dulce. ¡Ni falta que les hace!

—¡Pero a Mixi le encanta el helado! En cuanto me siento en el sofá con una tarrina de nata, viene corriendo —me contesta Estela durante una consulta al contarle este hallazgo científico. Mientras que nosotras hablamos, su tigresa de pelo pardo y blanco toma el sol enroscada en una caja de cartón, ajena a la conversación.

Es cierto que no pueden saborear lo dulce. Pero eso no significa que no puedan detectar otros matices, como las grasas o la sal de los postres golosos. Pero si nos tienta la idea de darle un poquito de nuestro cucurucho de vainilla o polo de hielo fluorescente —o algún premio dulce—, lo mejor será que no lo hagamos. Un poco de azúcar no les hará daño, pero si nos pasamos con la cantidad sí podríamos provocarles molestias intestinales. Incluso podríamos aumentar la cantidad de glucosa en sangre, y eso sí es peligroso. Además, nuestro amigo peludo siempre va a preferir hincarle el diente a una sardina o un buen trozo de atún. *Purrr.*

PREGUNTA A EVA

¿Por qué mi gata ignora la comida nueva?

—Eva, mi gata Chanel es una finolis. Solo come sus latitas de atún con pollo. Si intento traerle otra comida, de otra marca o de otro sabor, ni la mira. Con suerte, la olisquea un poco, y después me vuelve la cara sin tocar el plato. ¡Y he probado con todo tipo de latas! ¿Por qué lo hace? —me cuenta, algo desesperada, Cristina, que vive con sus gatas Chanel y Nieve en La Línea de la Concepción, en Cádiz.

Los gatos no pueden eliminar las toxinas del mismo modo que nosotros, y este es el motivo por el cual son tan cautelosos con la comida nueva: si les resulta extraña, es muy probable que la rechacen. O, como Chanel, que nos vuelvan la cara o hagan un desaire con aplastante indiferencia peluda. *Grrr.*

Para los gatos, además, comer es ante todo un asunto de narices. Su *miauravilloso* olfato es capaz de detectar hasta el más mínimo cambio en la receta que ponemos en sus platos. Hay estudios que muestran que los cachorros suelen preferir los alimentos que comían con sus madres gatunas, ¡incluso cuando aún estaban en el vientre!

De ahí que muchos rechacen la comida nueva, al menos al principio. Nuestro tigretón o tigresa no está siendo quisquilloso, solo precavido.

MIS DIEZ RECOMENDACIONES

Si, como Chanel, vuestros comensales peludos os vuelven la cara cuando les proponéis una latita nueva, probad con estas pautas ronroneantes que os ayudarán a transformar vuestra cocina en todo un restaurante gatuno con cinco estrellas Peludín.

1. **«*Purrr* favor, pregúntame qué me gusta»:** cada gato es único y tiene sus propios gustos. Hay felinos que enloquecen con el atún, otros prefieren el pollo. Para saber cuáles son sus latitas preferidas, tenemos que darles a probar varias, de diferentes sabores. Así es, el equivalente peludo a un menú degustación.

2. **La textura importa:** hay gatos a los que les pirran las croquetas secas y crujientes, mientras que otros quieren latitas de textura tipo *mousse*. Los hay también que prefieren la co-

mida con trocitos de carne que poder mordisquear y así sacar su lado más salvaje a pasear. Por eso, conviene experimentar con la textura. Otro truco: probad a añadir un poco de agua templada a su comida y aplastarla con un tenedor.

3. **La temperatura *purrrfecta:*** nuestros sacos de ronroneos prefieren la comida templada, en torno a los treinta grados centígrados, la temperatura similar a la de sus lenguas y también a la de los ratoncitos que comerían si vivieran ahí fuera. Por eso, un gatito exigente puede animarse si metemos su plato entre tres y cinco segundos en el microondas. O si sacamos su comida del frigorífico al menos media hora antes de servirla. Este simple gesto la hará más apetecible.

4. **Escoged una dieta completa.** Hay dos tipos de comida comercial para gatos: completa y complementaria. La completa está pensada para ser la dieta fundamental y proporciona todos los nutrientes que nuestros gatos necesitan, excepto el agua. **Importante:** aseguraos de que la palabra *completa* figura en el etiquetado.

   Podemos darles la complementaria como premio. Si la convertimos en su dieta habitual, a nuestro gato podría faltarle algún nutriente importante.

5. **¿Y qué hay de los premios gatunos?** Los premios gatunos, como el pollo deshidratado o las cremas de salmón que tanto le gustan a mi gato Cabo no tienen por qué ser completos. Aseguraros de que solo constituyen el 10 % de la dieta de vuestros amigos.

6. **¿Puedo cocinar para mi gato?** Como hemos comentado, los requerimientos nutricionales de nuestros amigos son muy exigentes. Por eso, hacer de una dieta casera completa y equi-

librada que sirva como alimentación habitual de vuestro amigo es bastante complejo. Se puede hacer, pero siempre con supervisión y control de un veterinario o nutricionista felino.

Si es como premio o como un complemento a su alimento habitual, podemos ofrecerles un poco de pollo o pescado cocido (solo, sin aditivos) y hasta unos trocitos de gambas, que les harán relamerse los bigotes.

7. **Cada gato, su comida; y con supervisión del veterinario.** Las necesidades nutricionales de vuestro amigo varían, entre otros factores, con la edad. También hay gatos con problemas de salud que precisan una dieta terapéutica, por ejemplo, más fácil de digerir. Por eso, la persona adecuada para controlar su dieta, es vuestro médico felino. **El veterinario felino es quien os debe aconsejar de cuál es la comida apropiada para vuestro gato.**

Y existen piensos terapéuticos, formulados cuando nuestro amigo tiene un problema de salud. Y alimentos para gatos según su edad. Insisto: preguntad a vuestro veterinario que es la persona que debe supervisar la salud física y nutricional de nuestros gatos.

8. **Si vivís con un cachorro...** Lo más fácil es darles una dieta más variada (con supervisión veterinaria). Si aprenden a saborear diferentes tipos de comida, los reconocerán una vez que sean adultos.

9. **Elegid la comida de mejor calidad dentro de vuestras posibilidades:** una alimentación de calidad, esto es, rica en proteínas y baja en carbohidratos y aditivos, no solo ayuda a que nuestros gatos estén más sanos. También hace que se sientan más relajados, saciados y tranquilos. ¡Y felices!

10. **¿Y pueden comer verduras y frutas?** A ver..., claro que pueden comer verduras, como la calabaza; de hecho, existen buenos alimentos comerciales para gatos que las incorporan. No las necesitan, pero no está mal que las coman. Y, además, los ayudamos a tomar fibra, un nutriente que puede ser interesante.

¡Pero ojo! Hay comidas tóxicas para los gatos.

DOCE COSAS QUE TU GATO JAMÁS DEBE COMER

Alimentos habituales para nosotros, como ciertas frutas y verduras, son peligrosos para tu minino:

- **Chocolate: la teobromina, un alcaloide presente en el cacao resulta tóxica.** Provoca vómitos y letargo. Si come mucho, puede ser letal.
- **Café y té:** tanto la cafeína como la teína pueden producir alteraciones y dañar el sistema nervioso central del gato.
- **Cebolla, ajos, puerros:** pueden producir problemas gastrointestinales; pero si el gato ingiere una cantidad suficiente, **dañan los glóbulos rojos y producen una anemia.** Ojo: están presentes en la mayoría de los alimentos precocinados, como sopas, caldos, salsas, marinados, encurtidos. Sí, también la pizza contiene cebolla. Por eso, mejor mantenla lejos de vuestro amigo.
- **Leche:** la imagen idílica de un gato feliz que relame **un cuenco de leche tiene trampa**. La mayoría de los gatos al llegar a

la edad adulta pierden la capacidad de romper las moléculas de lactosa, volviéndose intolerantes a la leche.

- **Cítricos.** Contienen **un compuesto llamado psoraleno, que es tóxico** y pueden causarle vómitos.
- **Aguacate: contiene mucha grasa** y les produce trastornos digestivos. Además, este alimento contiene persin, una sustancia tóxica que se origina en un hongo, y que resulta venenosa para los gatos.
- **Masa de pan:** la levadura puede crecer en el estómago y presionar las paredes y causar daños.
- **Uvas:** tanto las uvas como las pasas **pueden provocar un daño renal** en el gato.
- **Frutos secos.** Los frutos secos, como cacahuetes o nueces, pueden causar un fallo renal en los gatos, además de trastornos digestivos.

Si sospecháis que vuestro gato se ha intoxicado o comido algo que no debe, llamad a su veterinario o acudid a la clínica cuanto antes.

PREGUNTA A EVA

¿Por qué mi gato saca la comida del plato?

—Eva, mi gato Iñaki saca la comida del plato, sobre todo cuando son trozos de carne, que le gusta mucho. Después, se la lleva a otro sitio para comérsela; normalmente, debajo de la mesa del comedor. A mí me hace gracia y no me molesta. Pero no entiendo por qué lo hace —me cuenta Ana, que comparte piso con su tigretón naranja en Alcobendas, Madrid.

Si vives con un gato, es probable que te hayas sorprendido con una conducta que, a ojos humanos, puede resultar extraña. Pero hay una razón peluda. Los felinos salvajes —y nuestros gatos aún conservan muchos de sus comportamientos— encuentran su cena en un lugar y se la comen en otro, uno que consideren más tranquilo y protegido.

Es justo lo que hace Iñaki con sus trozos de carne: sacarlos del plato y llevárselos a un lugar más retirado y protegido para disfrutarlos sin que nadie le toque los bigotes.

No obstante, si tu gato saca las bolitas del cuenco cada vez que se acerca a comer, es probable que el plato no sea de su felino agrado.

EL PLATO *PURRRFECTO*

A los gatos les gusta comer en cuencos poco profundos a la vez que anchos. Es decir, platos que no estrujen sus sensibles bigotes cada vez que intentan alcanzar una croqueta, una sensación desagradable conocida como *estrés de bigotes*. Pero no acaba ahí la cosa. Un cuenco demasiado profundo obliga a tu felino a agachar más la cabeza, y a ocultarla casi dentro del plato, perdiendo la visión de trescientos sesenta grados que tanto valora para sentirse seguro.

Recordad este truco sencillo: ofrecedles cuencos anchos y poco profundos, con bordes bajos, lo más parecido posible a nuestros platos llanos. Esto vale para cuando comen y también cuando beben.

¿Y si le pongo un cuenco de plástico? No es lo ideal, porque el plástico se degrada y coge olores, y eso hace que muchos gatos dejen de utilizarlos. Los de acero inoxidable están bien, pero hay gatos que se asustan con el sonido que producen, sobre todo, si nuestro amigo lleva un collar con una chapa con su nombre que choque al beber. Por este motivo, los cuencos cerámicos o de vidrio resultan la mejor opción.

¿DÓNDE COLOCO EL PLATO DE MI GATO?

No solo es lo que comen, sino cómo y dónde lo comen. Cuanto más escuchemos al tigretón que llevan dentro y más nos acerquemos al modo de comer que tendrían en la naturaleza, mejor.

—Eva, mi gato Romeo siempre está nervioso cuando come. En cuanto oye un ruido, se queda quieto y gira la cabeza. Está estresado a tope —me cuenta Marian durante una consulta en la que trabajamos para que Romeo y su hermana gatuna, Ina, aprendan a ser amigos.

Echo un vistazo al espacio de este tigretón rayado y compruebo que Marian ha colocado su cuenco pegado a la pared. En efecto, al mínimo ruido, nuestro tigretón abandona el plato y gira la cabeza para asegurarse de que todo está el orden. Cuando vuelve, engulle su ración de trocitos de pavo en salsa y sale disparado de allí.

La comida es un momento de vulnerabilidad. Vuestro tigretón o tigresa necesita agachar la cabeza, de ahí que su capacidad para vigilar el entorno —¡algo tan importante para nuestros amigos!— quede mermada. Para comer tranquilos, nuestras bolas de ronroneos necesitan controlar su espacio en todo momento para sentirse seguros.

Por lo tanto, **pegar el plato a la pared no es lo ideal.** Como le ocurría a Romeo, vuestro amigo se verá forzado a dar la espalda a su territorio gatuno, y no comerá relajado. Recordad este sencillo truco: alejad la comida y la bebida de la pared al menos treinta centímetros, para que pueda girarse y comer en una posición que le permita seguir controlando su sabana, vuestra casa. ¡Es mucho más gatuno!

¿Y en el pasillo? Tampoco, si queremos que coman tranquilos. Escoged un lugar calmado, donde no vayan a ser distraídos ni por el ruido ni por la actividad del resto de la familia. Por ejemplo, el salón o una habitación donde suelan pasar tiempo.

¿Cerca del arenero? No. A los gatos, como a todo el mundo, no les gusta comer ni beber en el sitio donde dejan su orina o heces. Así que los platos de comida y de agua, mejor siempre lejos de los areneros. Lo mejor es colocarlos en habitaciones distintas. Nadie tiene preferencia por esa mesa al lado del baño, ¿no?

¿Puedo colocar el agua y la comida juntos? Aunque es muy frecuente, y hasta existen los cuencos dobles de comida y agua para gatos, no es lo ideal. A muchos gatos les gusta beber y comer en sitios diferentes, y la razón es evolutiva: todos los felinos evitan el agua que pueda estar contaminada con restos de alimento. Esta estrategia les permite no enfermar, algo importante si uno vive ahí fuera, en la naturaleza, y depende de sí mismo para sobrevivir. Todo esto resulta más sencillo si comen y beben en espacios completamente distintos.

¿Un cuenco de comida y otro para el agua es suficiente? La respuesta es no. Los recursos esenciales de vuestros amigos, y el agua y la comida lo son, mejor en sitios múltiples y separados. Es decir: más de uno y en habitaciones distintas.

VIVO CON MÁS DE UN GATO, ¿PUEDEN COMPARTIR EL PLATO?

 Eva da de comer a sus siete gatos y nos enseña su trabajo como *camarera* peluda en su casa.
¡Uno de los más importantes, cuando vivimos con varios gatos! Para que todos coman felices y tranquilos, usa diferentes alturas, platos planos y otros trucos gatunos, como hablarles con cariño.

Mejor que no sea así. Vuestros tigretones y tigresas preferirán comer en su propio plato y, además, en sitios separados. La ciencia revela que comer cerca, aunque no haya robos de croquetas o peleas en ese momento, les genera ansiedad y un ambiente de competencia, y puede romper una amistad felina y crear problemas más allá de la hora de la comida.

Conviene ofrecerles la comida en habitaciones distintas, o al menos en alturas distintas. Por ejemplo, uno encima de la mesa y otro en el suelo. En casa, con siete comensales peludos, echo mano de escaleras y hasta de muebles de mimbre a diferentes alturas. ¡Mi trabajo de camarera peluda no es poca cosa!

TRUCOS PARA GATITOS ANCIANOS

Si vuestro camarada ronroneante es mayor (más o menos a partir de los once o doce años), podéis elevar su cuenco de comida un poco y colocarlo, por ejemplo, sobre una caja de cartón pequeña, como de zapatos. Esto puede lograr que se sienta más cómodo durante la comida, sobre todo, si vuestro amigo sufre dolor en las articulaciones del cuello.

¡Y no olvidéis los mimos! ¿Os cuento una anécdota? A Cooper le gusta que le hable mientras come, y los días que está más mimoso de lo habitual me pide que le dé la comida directamente con los dedos. De hecho, **muchos gatos agradecen las palabras amables mientras comen, que nos sentemos a su lado y les dediquemos tiempo.**

Probad a darles pequeños trozos de alimento directamente de vuestro dedo para que puedan lamerlo: este pequeño gesto puede animarlos a seguir comiendo, sobre todo con gatuchos ancianos. A cambio de todo esto: ronroneos y arrumacos peludos por doquier.

PREGUNTA A EVA

¿Por qué mi gato bebe agua del grifo?

—Hay una cosa que me hace mucha gracia, y es que Velvet prefiere beber agua del grifo antes que de su cuenco. Cada vez que abro el grifo del baño, corre y se coloca debajo. ¿Por qué lo hace? —me pregunta Gema, extrañada, durante otra consulta. Yo sonrío, porque Frida hace lo mismo: se sube al lavabo y espera, muy disciplinada, a que abra el grifo para mojar sus patitas antes de llevárselas a la boca.

Velvet y Frida no son las únicas. Si echamos un vistazo, You-Tube nos recuerda que hay muchos bigotudos que hacen lo mismo: beber del grifo del lavabo o de la cocina, cuando no directamente de la bañera o del bidé. Lo que nos lleva a preguntarnos por qué tantos gatos prefieren el grifo a su cuenco de agua, y la respuesta, como ya os imagináis, tiene su lógica peluda.

Es una estrategia evolutiva: el agua corriente, que circula y se mueve, suele estar más fresca y oxigenada que el agua quieta o estancada, que incluso podría estar contaminada. Ahí lo tenemos: a ojos de nuestros gatos y gatas el agua corriente, como la que sale del grifo del baño, es fiable, más segura que la del cuenco.

Mi consejo ronroneante: si, como Frida, vuestro gato o gata corre a subirse al lavabo cada vez que vais a cepillaros los dientes, dejad un hilo de agua en el grifo para que beba y lo pase en grande. ¡Escanciado peludo!

Mejor aún: hagámonos con una fuente para gatos, así nuestros amigos felinos siempre tendrán agua fresca y en movimiento. Nos lo agradecerán a ronroneo limpio.

¿POR QUÉ ALGUNOS GATOS BEBEN CON LAS PATAS?

A los gatos les gustan los cuencos de agua llenos, que el nivel llegue casi hasta el borde. De este modo, pueden beber sin tener que meter su cabeza dentro, lo que les impediría ver lo que sucede a su alrededor. Esto explica por qué algunos gatos meten las patas en el cuenco antes de beber: quieren saber a qué profundidad está el agua antes de beber.

Si el agua está profunda, puede que escojan usar sus patas para beber antes que meter su linda cabecita dentro del cuenco.

Peliconsejo: llenad bien esos cuencos de agua, y vaciarlos y rellenadlos de agua fresca a diario.

Aunque otros gatos meten las patas en el agua o beben con ellas, ¡por simple diversión peluda!

GATIFICA

Cuenco de waterpolo gatuno

Cuando Travis, Brackett Omensetter y Frida llegaron a casa, les llené de agua un plato de barro ancho y muy poco profundo, para que pudieran beber sin peligro. ¡Eran tan diminutos que podía abrazar a los tres a la vez!

Coloqué el plato de agua en mitad de la habitación, encima de una toalla. Pero no acabó ahí la cosa. Para hacerlo aún más divertido y ronroneante para los nuevos miembros de la familia, metí en el plato una pelota naranja de pimpón. ¡Bingo!

Aquella pelota llamó tanto su atención, que Brackett, Travis y Frida comenzaron a acercarse al plato de agua para jugar con ella. Entre manotazo y manotazo en su waterpolo gatuno, sacaban sus irresistibles lenguas y bebían el agua que tanto necesitaban.

Un cuenco de agua *purrrfecto:* ancho, de cerámica y divertido.

¡ESTA AGUA SE COME!

—Mi gata Kira no se acerca al cuenco de agua. Es cierto que toma mucha comida húmeda, pero me llama mucho la atención que apenas beba agua de su cuenco —me dice Esther durante una consulta en la que le doy pautas para mejorar la hora de la comida gatuna.

¿Os suena? Los gatos son malos bebedores. La herencia salvaje de nuestros amigos peludos ha marcado su alimentación, su paladar, y también su modo de beber agua. Para entenderlo, necesitamos volver a nuestra sabana africana, donde el agua es un bien escaso: nuestro *lybica* obtiene mucha de la que necesita de la carne fresca, de su comida, sobre todo de ratones. No necesita beber mucho más: sus riñones están perfectamente diseñados para aprovechar muy bien el agua de su cena.

Esto es algo que la bola de pelo que ahora se apoltrona en nuestro sofá ha heredado. Los gatos domésticos, como sus primos salvajes, son malos bebedores. Sus genes aún les dicen que el agua se obtiene, sobre todo, con la comida, y a muchos les cuesta acercarse al cuenco de agua.

Aunque ya no coman ratones, sino en muchos casos pienso o croquetas secas, aún son malos bebedores. Eso explica por qué tantos gatos sufren problemas renales y urinarios: no beben toda el agua que necesitan. Por esto, si queremos que nuestros gatos estén felices y sanos, no podemos olvidarnos, además de las croquetas secas, de ponerles en el plato del desayuno, de la comida y hasta de la cena, esas latitas de comida húmeda de calidad que tanto les gustan; ¡y que hacen que se relaman los bigotes! Las hay de atún, de salmón o de pollo. Las hay con textura de paté o más cremosas, o con trozos de carne que nuestros amigos pueden masticar. Todas estas opciones contienen mucha más agua: en torno al 60 %, cinco veces más que las croquetas secas, y los ayudan a obtener el agua que tanto necesitan para estar sanos.

O podéis probar a mojar el pienso con agua. Aunque os aviso: no a todos los gatos les gusta la idea.

PREGUNTA A EVA

Mi gato está obsesionado con la comida, ¿qué hago?

—Mi gato Bowie tiene obsesión por la comida. Cuando termina de comer, se queda ahí delante del cuenco, maullando, y pide más. No me deja en paz, ¡parece una aspiradora! —me cuenta Miguel durante una consulta.

Miguel sabía que tenía un problema con Bowie, el tigretón de cara dulce con el que vivía desde hace un año en Alicante. Miguel había colocado un cuenco de comida para su amigo peludo, pero él engullía todo el plato de una sentada. Maullaba con ansiedad, le pedía comida con insistencia y parecía no saciarse.

Es cierto: algunos gatos están más obsesionados con la comida que otros, y las experiencias tempranas influyen. Los gatos que desde cachorros tienen la comida siempre disponible, no suelen comer de más. Pero esto no vale para todos nuestros amigos peludos. Si nuestro tigretón ha pasado hambre cuando era pequeño, porque ha estado en la calle, por ejemplo, lo habitual es que haya perdido este mecanismo de inhibición, y sí: es normal que coma más de lo que necesita. La Asociación para la

Prevención de la Obesidad en Animales de Compañía (un organismo estadounidense) estima que más de la mitad de los gatos caseros sufre sobrepeso u obesidad, una cifra extrapolable a los hogares españoles, según los veterinarios consultados.

La vida de un gato casero presenta otros retos: un gato aburrido, sin mucho más que hacer que sestear, puede volcar su atención en el cuenco de comida. También la ansiedad hace que un gato coma de más, y que, bocado a bocado, acabe con sobrepeso.

Sea cual sea la causa, un gato que no para de pedirnos comida puede ser, cuando menos, desconcertante, y en el peor de los casos, peligroso. Si respondemos a esos maullidos insistentes con más comida, lo más probable es que agravemos el problema. *Grrr.*

Mi truco gatuno: si vivís con un gatito obsesionado con la comida, intentad ignorar a vuestro muy persuasivo Pavarotti peludo. A cambio, ofrecedle una rutina de comidas predecible. ¡Y usad rompecabezas! Os ayudarán a reducir la ansiedad por la comida, y harán que coman más tranquilos y despacio. ¡Ahora os cuento más!

DOS COMIDAS GATUNAS AL DÍA NO SON SUFICIENTES

Puede que hayáis intentado encajar las comidas de vuestros amigos peludos a vuestros propios horarios, y dos veces al día encaja con nuestros ritmos de vida. Pero, por desgracia, no es tan fácil para nuestros camaradas de ronroneos.

Para nuestros gatos, lo ideal es comer muchas veces al día en pocas cantidades. El motivo es que se ajusta más al modo natural de alimentarse. Pensad que, si vivieran en la naturaleza, nuestros camaradas de ronroneos necesitarían capturar entre diez y veinte ratones o roedores pequeños al día para garantizar su bienestar nutricional y su hidratación, y cada ratón es un pequeño bocado de unas treinta kilocalorías.

¿Puedo dejar la comida siempre disponible para mi gato? No siempre funciona: mientras que algunos gatos son capaces de administrarse y no ingerir más de lo saludable, otros vuelcan su aburrimiento o ansiedad en el cuenco, y cogen demasiado peso.

Si podéis, estableced cinco comidas al día: es una buena pauta. Nuestros gatos estarán más sanos, pero también estaremos cuidando su salud psicológica y emocional. Es decir: tendremos gatos más tranquilos y felices.

CON LA COMIDA ¡SÍ SE JUEGA!

—Eva, mi gata Trufa ha aprendido a abrir el armario donde guardo su comida. El otro día fue lo máximo: estaba en el sofá y oí un ruido en la cocina. Trufa había encontrado su paquete de chuches preferidas, lo tiró al suelo, le hizo agujeros con las uñas y lo sacudía con las patas para sacar las chuches —me cuenta entre risas Vanesa, que vive con sus gatas Trufa y Astrid en Melilla.

—Tu gata Trufa se ha construido su propio rompecabezas de comida —le contesto sin poder esconder mi sonrisa.

Por mucho que mimemos a nuestros tigretones y tigresas con la mejor comida servida en su plato, sus genes les dicen que, con la comida ¡sí se juega! Por eso el rompecabezas de comida es uno de mis juguetes preferidos.

ROMPECABEZAS PARA GATOS

Algunos rompecabezas, como el preferido de Billy, nos permiten ocultar la comida en agujeros, vasitos o pequeños túneles, para que vayan sacando las croquetas con sus patas antes de comérselas. Otros tienen plataformas o piezas móviles que tienen que hacer girar para descubrir las bolitas de comida que esconden. También podemos utilizar pelotas que giran y liberan la comida cuando nuestros gatitos las patean.

Hasta hay juguetes con forma de ratón: los preferidos de Cabo. Y que vuestro amigo puede zarandear, patear y hasta mordisquear para hacerse con sus croquetas. Todos son *purrrfectos*: permiten a nuestros gatos mantener su cabeza ocupada y estimulada durante la hora de la comida.

JUGUETES *PURRRFECTOS*

En 2016, un extenso trabajo científico publicado en *Journal of Feline Medicine and Surgery* indagó en la relación entre el juego y la alimentación de los gatos, y concluyó que estos rompecabezas reducen la ansiedad de vuestros amigos, los ayudan a ejercitar la mente, logran que coman más despacio y favorecen la pérdida de peso.

Además, los rompecabezas de comida nos facilitan la tarea de ofrecer cinco raciones al día a nuestros queridos comensales peludos: solo necesitamos cargarlos antes de salir de casa. ¡*Purrrfecto* para que estén sanos y más felices!

Mis trucos gatunos: los rompecabezas gatunos son geniales. Siempre los recomiendo. Pero, como con todo, nuestros gatos necesitan aprender a utilizarlos. Estas pautas ronroneantes os ayudarán.

- **Dónde colocarlo.** Para empezar, pongamos el rompecabezas en el sitio donde nuestro gato come. Esto ayudará a los gatos principiantes a asociar su juguete con la comida.
- **¿Y si no entiende el juego?** Hay que ponérselo fácil. **Los gatos aprenden, sobre todo, a través del éxito, y llevan mal el fracaso.** Si llegan a su juguete y les cuesta encontrar la comida, se aburrirán y no querrán utilizarlo. Al contrario: llenad bien los rompecabezas, y podéis sacar algunas croquetas fuera. Ya tendréis tiempo de complicarlo.
- **¿Y si aun así lo ignora?** Podéis hacerlo más ronroneante. ¡Cargarlo con sus chuches gatunas preferidas! Con el tiempo, podréis cambiarlas por sus bolitas de comida habituales.
- **Y ahora, ¿cómo complicárselo?** Cuando vuestro amigo esté cómodo con su rompecabezas, podéis comenzar a moverlo de sitio. ¡Ningún ratón esperaría panza arriba en el mismo lugar a que vuestro amigo venga a por su cena!

GATIFICA
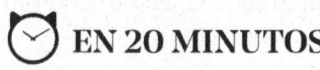 **EN 20 MINUTOS**

¡Juego de exploración gatuna!

Podemos transformar el salón en un gran juego comestible. Además de los rompecabezas, planteaos colocar parte de su comida seca habitual escondida por el salón y las habitaciones. Empezad por lugares accesibles, por ejemplo, en el suelo del salón y habitaciones. A vosotros solo os llevará un par de minutos prepararlo, pero vuestro tigretón se divertirá al menos veinte minutos más explorando la casa, un comportamiento natural crucial para su bienestar.

No olvidéis colocar parte de su comida en zonas altas, como baldas gatunas o un árbol. ¡La recompensa será muy sabrosa!

BRICOGATUNOS

 EN 12 MINUTOS

La pirámide que da premio

Travis utiliza un rompecabezas casero fabricado con tubitos de papel higiénico, una caja de zapatos y croquetas de comida en su interior. Este tigretón feliz busca su comida en el juguete y la saca de su madriguera (los tubitos), ¡como harían en su sabana!

También podemos fabricar rompecabezas gatunos caseros para que nuestros tigretones busquen su comida, ¡como harían en su sabana!

Materiales
- 10 tubitos del papel higiénico.
- Celo.
- Un trozo de cartón.

Elaboración

- **PASO 1:** unir los tubitos de cartón con el celo. La idea es crear una pirámide. Hay que construir la base con cuatro en horizontal; colocar encima otros tres; después, dos y, al final, uno en la cúspide.
- **PASO 2:** pegar la pirámide en un trozo de cartón a modo de peana para darle estabilidad.
- **PASO 3:** fijar todo al suelo con un poco más de celo. De este modo, la pirámide no se moverá cuando nuestros amigos la usen.
- **PASO 4:** llenar los huecos de los rollos con comida y chuches gatunas. Vuestro tigretón pasará un buen rato entretenido, ¡e ideará su estrategia más peluda para sacar con las patas sus croquetas!

BRICOGATUNOS

 **EN 12 MINUTOS**

Un ratoncito que gira

Si a vuestro camarada de ronroneos le gusta patear y perseguir sus juguetes, este rompecabezas móvil le encantará.

Materiales

- Una botella de plástico.
- Unas tijeras con punta.

Elaboración

- **PASO 1:** hacer tres agujeros en la botella. Cuanto más grandes sean, más sencillo resultará para vuestro amigo.
- **PASO 2:** llenar la botella de bolitas de pienso o chuches. ¡Y listo para que vuestro tigretón lo sacuda y saque su recompensa!

BRICOGATUNOS

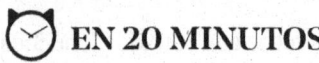 **EN 20 MINUTOS**

Una madriguera ronroneante

Podemos utilizar este rompecabezas con comida seca y húmeda. Se trata de construir una ronroneante madriguera con envases de yogur.

Materiales
- Una caja de zapatos
- 5 envases de yogur (si son de diferentes formas, redondeadas y cuadradas, será aún más interesante).
- Lápiz.
- Tijeras.

Elaboración
- **PASO 1:** dibujar en la base de la caja el contorno de los envases con el lápiz.
- **PASO 2:** recortar las siluetas para dejar el agujero.

- **PASO 3:** insertar los envases en los agujeros, de modo que encajen sin vaivenes.
- **PASO 4:** rellenar los envases con pienso, chuches y hasta un poco de comida húmeda para que vuestro tigretón pueda sacar con las patas su premio de la madriguera.

Los genes empujan a nuestros gatos a jugar con su comida, y si queremos hacerlos felices, debemos tenerlo siempre presente. No olvidemos el mantra peludo:

Mens felina sana in corpore felino sano.

Capítulo 8

¡Hora del juego peludo!

Brackett Omensetter es un gato «ancho y feliz», como dice William Gass en *La suerte de Omensetter*, al que recordaréis por sus habilidades como waterpolista de pelotas de pimpón en el capítulo anterior. Mi tigretón naranja ahora pesa casi cinco kilos y luce una pechera blanca y una voluminosa cola que recuerda a la de un zorro de dibujos animados. ¿Os acordáis del simpático y dulce Tod, en el clásico de Disney, *Tod y Tobby*? Pues ese es el aspecto de mi amigo.

Ahí tenemos a Brackett, agazapado detrás del sofá, concentrado en el ratón de peluche que tengo atado a una cuerda, que, a su vez, está atada a un palo que sujeto con las manos mientras lo muevo muy despacio. No le quita ojo, sus pupilas se han dilatado por completo, y no es por falta de luz: es el nivel de agitación lo que produce ese cambio en su mirada. ¡Mi amigo ha cargado su barra de energía a tropecientos mil *pelovatios* hora! Brackett está concentrado en su juguete, los bigotes hacia delante, como antenas en busca de una señal nueva, y las orejas erguidas, en posición de alerta. Hago una pausa. Respiro. Arrastro de nuevo el ratón, lo que provoca un suave chasquido contra el suelo, y comienza el acecho de mi amigo. Esta vez, Brackett se aproxima con rapidez, aún agachado, con el cuerpo bien pegado al suelo.

Silencio otra vez.

Su cuerpo se prepara.

Sacude el trasero, y menea arriba y abajo las patas de atrás en un delicioso contoneo gatuno. Os suena, ¿a que sí? No es casual. Al revés, le sirve para preparar el esprint hacia su *presa*, o sea, su peluche. Ahí va el salto: único, preciso. Brackett aterriza con las patas delanteras sobre el peluche, que queda aplastado contra el suelo. Casi lo oigo maullar «te cogí, ratoncito».

Aunque nos hayan robado la cama y el corazón, y por muy tiernos y cariñosos que sean, **todos nuestros gatos llevan dentro un pequeño cazador de peluches implacable, y necesitan dar rienda suelta a ese instinto natural.**

LOS GATOS SOLO QUIEREN DIVERTIRSE

Para los gatos, jugar no es un lujo. Es un comportamiento natural que necesitan poner en práctica cada día para sentirse felices. No debería ser algo divertido que hacemos cuando tenemos algo de tiempo. Al contrario, el juego resulta tan importante como alimentar a vuestro tigretón de forma saludable, gatificar vuestra casa o proporcionarle dos (o más) areneros *purrrfectos*.

Si no juegan como necesitan, tarde o temprano aparecerán problemas, como el aburrimiento, la ansiedad o el estrés, emociones que expresarán a través de angustiosos maullidos en mitad de la noche (más adelante hablaremos de esto) o tirando al suelo todo lo que quede al alcance de sus adorables patas.

EL PLANETA NO ES PLANO: ¡LOS GATOS YA LO HABRÍAN TIRADO TODO!

—Mi gato Byron lo tira todo al suelo: cuando no son los libros de las estanterías, se sube a mi mesa de trabajo en busca de gomas de borrar, bolígrafos o cualquier otra cosa a la que pueda dar patraditas y tirar al suelo —me dice Dori, que vive con su tigretón marrón en Talavera de la Reina, Toledo.

—¿Y juegas con Byron a diario? —pregunto.

—Lo intento, pero no siempre lo consigo —me confiesa Dori.

Si echamos un vistazo a Twitter, nos damos cuenta de que Byron no es el único gato que se divierte tirando cosas al suelo. La afición gatuna de lanzar objetos desde las alturas incluso es objeto de memes recurrentes. «La Tierra no es plana: a estas alturas, los gatos ya lo habrían tirado todo fuera», dice uno de mis preferidos. Es cierto: un gato aburrido no tarda en inventar sus propios juegos.

PREGUNTA A EVA

¿Por qué los gatos tiran cosas al suelo?

Las patas de los gatos están diseñadas para patear y agarrar objetos. Cuando dan manotazos suaves, por ejemplo, a una mosca incauta que se atreve a entrar en el salón, lo que hacen es recopilar información: «¿Estás viva?», «¿Pinchas o muerdes?», «¿Eres peligrosa?». Como veis, para vuestro amigo peludo dar «manotazos» es un comportamiento natural.

Un manotazo a un objeto, sea una goma de borrar, un lapicero o la capucha de un bolígrafo, que esté a cierta altura, como una estantería o una mesa, es igual de divertido e interesante. Además, cuando el objeto cae al suelo, vuestro amigo obtiene una recompensa inesperada: esa goma de borrar comienza a moverse, rebota y hace ruido, y activa las ganas de juego que todos nuestros amigos bigotudos llevan dentro.

Si nos olvidamos de jugar con nuestros amigos, eso de tirar objetos y descubrir que, cuando lo hacen, les prestamos atención (aunque solo sea para recogerlos) ¡es seguramente lo más divertido que les ha pasado en todo el día!

«¿POR QUÉ NECESITO JUGAR?»

Para nuestros gatos, jugar es natural e importante; una condición necesaria para que gocen de una buena calidad de vida, tanto física como mental.

- **Jugar es saludable.** El juego permite a tu amigo hacer ejercicio físico, previene el sobrepeso y posibilita que envejezca en un estado envidiable. ¡Que se lo digan a mi gato Cooper! Es decir, posee los mismos beneficios que tiene para nosotros hacer ejercicio regular.
- **Evita el aburrimiento y la ansiedad gatuna.** Para los gatos, jugar significa imitar el comportamiento de caza y, puesto

que pueden practicar comportamientos naturales e innatos, reduce su ansiedad.

- **¡Es divertido!** Los gatos lo dan todo cuando juegan. Eso los ayuda a producir dopamina, un neurotransmisor que los pone contentos.
- **Aprenden a vivir con otros gatos.** El neurocientífico Jaak Panksepp nos da otra clave: cuando los cachorros juegan, aprenden las reglas sociales. En otros maullidos, el juego les enseña a vivir con otros gatos de modo amistoso.
- **Tendréis un amigo para siempre.** Jugar con vuestro gato os ayudará a estrechar la relación, hará que vuestro tigretón o tigresa os vea como un amigo *purrrfecto*. Y lograréis que os quiera, ¡más todavía!

«PERO MI GATO NO JUEGA»

—Cuando intento jugar con mi gato Bruno, muevo el juguete de un lado a otro y se lo coloco cerca, pero solo lo mira. Como mucho, le da un único golpe de mala gana y ya se ha aburrido: vuelve a su cama —me cuenta Vanesa durante una consulta.

Un gato convertido en una patata peluda, como es el caso de Bruno, que dormita día y noche, no es un gato feliz. Es cierto: hay gatos más juguetones que otros. Mientras que a algunos les basta con que movamos un cordón para salir disparados a atraparlo, otros son más exigentes, y se lo piensan mucho antes de dejar su cama alta, en la copa de su árbol gatuno preferido. Por eso, tenemos que aprender a activar al pequeño jugador peludo que todos llevan dentro y el primer paso es descubrir cuál es su juguete favorito.

JUGUETES *PURRRFECTOS*

Estos son mis trucos para escoger los juguetes para mis amigos:

- **Inspiraos en la naturaleza.** A los gatos les gustan los juguetes que se parecen a insectos, ratones, pequeños reptiles..., es decir, sus «presas» naturales.

- **Si tienen pelo o plumas, ¡mejor!** Probad con diferentes texturas para descubrir cuál es la preferida de vuestro cazador de peluches. Y rotarlos: podéis sacar el lunes un juguete con pelos, y otro con plumas (seguras), el martes. ¡Eso los hará mucho más irresistibles!

- **Todos los gatos prefieren saltar sobre juguetes pequeños y ligeros del tamaño de un pulgar.** Muchos juguetes para gatos son bastante más grandes, por eso no les resultan atractivos, y hasta es posible que los asusten.

- **Hay juguetes que, además, crujen o hacen sonidos suaves cuando nuestros gatos los tocan o muerden.** Aún así: si hacen demasiado ruido, podéis asustarlos.

- **Juguetes con caña de pescar.** Los juguetes atados a una caña y una cuerda, como el ratoncito que usa Brackett Omensetter, están pensados para que los gatos jueguen con nosotros. Son geniales, porque podemos moverlos y adaptarlos a su ritmo peludo. ¡Ojo! Los juguetes con caña de pescar son para jugar con vosotros. Tras el juego, hay que guardarlos en un sitio seguro, por ejemplo, en un cajón. **Los gatos no deberían quedarse solos con juguetes con cuerdas, que puedan hacerse añicos o que contengan piezas que se puedan tragar.**

- **No a todos los gatos les gusta un mismo juguete.** Como nosotros, ellos también tienen sus preferencias. Algunos quieren perseguir juguetes con pelo y forma de ratón, otros los prefieren con plumas, similares a pájaros. Hay gatos que adoran los juguetes alargados y que repten, como haría una lagartija o un lución, mientras que los más tímidos prefieren juguetes aún más pequeños, como los que se parecen a una mosca. **Peliconsejo:** probad diferentes tipos y descubrid cuáles son los juguetes más divertidos para vuestros amigos.

- **¿Y de qué colores?** No existe preferencia gatuna general por los juguetes de un color o de otro, más allá de la individual. Aún así, mi gata Martes tiene cierta querencia por su pompón de color azul. Mientras que Travis suele dejarnos el de color verde encima de la cama. ¡Un cumplido de cariño gatuno! Pero ya os digo: se trata de algo *purrrsonal*; y lo mejor es utilizar los diferentes colores para rotar los juguetes, y ofrecerles cada día una experiencia divertida distinta. Los gatos no le dan tanta importancia a los colores como nosotros.

CIENCIA GATUNA

¿TU AMIGO PELUDO VE LOS COLORES?

Los gatos no ven el mundo en blanco y negro, como a veces se dice. Pero tampoco distinguen tantos colores, ni lo hacen de un modo tan nítido como nosotros. El motivo está en las células fotosensibles de la retina, que son de dos tipos: los conos, especializados en distinguir los colores, y los bastones, que permiten ver con poca luz.

Nuestras retinas (como las de los peces, las aves y los reptiles) tienen más conos que bastones. Pero en los gatos, como en muchos otros mamíferos, sucede al contrario: sus ojos tienen mayor cantidad de bastones que de conos, unas cinco veces más que nosotros.

Por eso, mientras que nuestro ojo puede distinguir un millón de colores o tonalidades, el ojo de nuestros amigos ronroneantes apenas diferencia unos 100.000; mayormente variaciones del azul, del verde o del amarillo. Es decir: no distinguen el color rojo.

A cambio, esa cantidad extraordinaria de bastones hace que su visión nocturna sea mucho mejor. Y nos dan mil vueltas cuando hay poca luz: ellos ven cuando nosotros ya no.

El motivo está, de nuevo, en nuestra sabana africana. Cuando vives ahí fuera, y tienes que capturarte la cena, esos ojos gatunos resultan muy útiles: los ratones son más activos durante la caída del sol y cuando amanece. Algo que no se les ha olvidado a nuestros gatos: ellos, como sus ancestros salvajes, también son animales crepusculares, que ven mucho mejor que nosotros cuando hay poca luz.

TRAVIS ES MUHAMMAD ALI

Brackett no es el único que anda atareado esta mañana. Mi gata Martes patea un pompón de peluche de color rosa por la habitación y deja a Messi a la altura del betún. A ratos hace que se pierda debajo del mueble de mimbre sobre el que descansa el equipo de música. Mi pequeña futbolista peluda lo busca y, cuando da con él, lo saca con las patas, solo para patearlo de nuevo y volver a perseguirlo.

Mientras tanto, Travis se afana con un saco de peluche. Su juguete es algo más grande, de unos diez centímetros de largo. Lo tiene agarrado con las patas delanteras mientras lo patea con fuerza con las traseras, ¡como un pequeño boxeador! A ratos lo muerde y hasta lo chupa. Mi dulce Muhammad Ali peludo tiene razón: **todos los gatos necesitan, además de juguetes pequeños para perseguir y atrapar, otros algo más grandes que puedan morder y patear.** En otros maullidos: ¡un saco de boxeo peludo!

«Y TAMBIÉN JUEGO YO SOLO»

No todos los juegos gatunos son sociales o interactivos. A nuestros amigos también les gusta jugar solos de vez en cuando. Por eso, necesitan una batería de juguetes que puedan patear, mordisquear y capturar a su aire por la casa. Estos son algunos de mis preferidos:

- **Pelotas de pimpón.** Baratas, saltarinas y sonoras. Nada más atractivo para tu amigo e infalibles con un cachorro. Si las hacéis botar, pasará un buen rato solo con perseguirlas. Las preferidas de Brackett Omensetter.
- **Los pompones de Martes.** Cualquiera que entre en mi casa, tropezará con uno de las decenas de pompones de colores que atesora mi gata Martes. Los pompones son pequeños, inferiores a un pulgar, los puede morder sin peligro y vienen en multitud de colores. Un infalible gatuno.

- **Ratoncitos** y demás juguetes pequeños, pero seguros.
- **Saquitos de boxeo gatuno.** Podéis comprarlos: suelen ser juguetes de peluche o sacos rectangulares algo más grandes, de entre diez y quince centímetros. A veces incluso crujen, porque tienen un material plástico (seguro) dentro de ellos. Podemos también hacerlos en casa. Os cuento cómo un poco más abajo.
- **Pelotas de papel arrugado.** Son geniales para patear y mordisquear sin peligro. Incluso podemos esconder dentro alguna croqueta de comida. En casa me gusta, sobre todo, hacerlas de papel de estraza.
- **¿Cómo saber si los juguetes son seguros?** Aseguraros de que estén bien fabricados. No deben tener bordes afilados, hilos ni cordeles que resulten fáciles de soltarse o romperse. Antes de dárselos a vuestro amigo, quitad o arrancad cualquier pieza de plástico que esté pegada con cola: si se la traga, puede causarle un problema de salud serio.
- **No dejéis nunca estos objetos por medio.** En apariencia son inocuos, pero resultan peligrosos para nuestros gatos si se los tragan. Hay que guardarlos bien y mantenerlos lejos de nuestros camaradas de ronroneos.
  - **Ovillos de lana y lazos.** Si nuestros amigos ingieren lana (y sucede más de lo que pensamos), puede causarles un bloqueo en el estómago y precisar cirugía veterinaria.
  - **Gomas de pelo y elásticos.** A muchos gatos les gusta jugar con ellos. El problema es que pueden tragárselos.
  - **Tapones de los oídos.** Fabricados de goma, suponen un peligro: no es extraño que los gatos los ingieran.
  - **Medicamentos.** Lo mismo y, además, son tóxicos para nuestros gatos.

— **Cables eléctricos.** A muchos gatos les gusta mordisquear los cables, y es peligroso porque podrían electrocutarse. Por eso, hay que esconderlos o cubrirlos con un protector o funda de cables. Si nuestro gato muestra interés por los enchufes, tenemos tapas o protectores con cierre de seguridad también para ellos.

«HUMANA, ESE RATONCITO YA LO ATRAPÉ AYER»

Los gatos se cansan rápido de los juguetes que siempre tienen a su alcance. Esto puede pasar antes de lo que pensamos. Según un estudio publicado en *Applied Animal Behaviour Science*, basta con que usen tres veces un juguete para que pierdan el interés. Por eso, lo mejor es que los vayamos turnando: podemos sacar un juguete con plumas el lunes y otro que parezca un insecto al día siguiente, y no olvidemos comprar juguetes nuevos de vez en cuando: la novedad estimula su mente y sus ganas de jugar.

TRUCO GATUNO

¡Hay que saber jugar!

Billy Boy juega con una pluma atada a un cordel que Eva aleja despacio para él, como haría un ratón. Billy la examina un buen rato, hasta que salta sobre su juguete. ¡Cazado!

Si queremos despertar a ese pequeño juguetón peludo que llevan dentro, utilicemos el juguete favorito de nuestro amigo. Lo ideal es usar una caña o varita (un palo y una cuerda) con un peluche o una pluma (hay muchas en las playas y los parques) atado en el extremo. Pero para que funcione, debéis plantear el juego con la cabeza. ¿La clave? Tenéis que involucraros. No olvidéis pasarlo bien con vuestros gatos. El juego es un momento para estrechar vuestra amistad, y también para relajaros juntos.

Peliconsejo: para los gatos, los humanos somos seres gigantes, por lo que podemos darles miedo. Empezad los juegos en el suelo, a su nivel, y llamad la atención de vuestro amigo. Colocaos, al menos, entre treinta centímetros y un metro de distancia para arrastrar el peluche.

«¡AL RATÓN, AL RATÓN!»

Intentad mover el juguete como lo haría un ratón. Imaginad cómo caminaría y moved el juguete en consecuencia. Podéis arrastrarlo por el suelo en línea recta, primero despacio y luego deprisa. Utilizad estallidos bruscos de movimiento con breves pausas entre ellos.

El peluche también puede quedarse un rato quieto y buscar un escondite: «¿Esa caja de cartón es segura?», puede que se pregunte el juguete que movéis. Y al rato volverá a aparecer, a asomar el hocico tal vez, para volver a ocultarse.

Peliconsejo: los ratones se alejan de los gatos, no se *acercan* a ellos. No lancéis juguetes a la cara de vuestro amigo, la dirección correcta es la opuesta. Tenedlo en cuenta para activar el interruptor de vuestro jugador peludo preferido.

«¡¿ESO ES UN PÁJARO?!»

Podemos imaginar que el juguete es un pájaro pequeño o un insecto que vuela de un sitio a otro, y dejar que se pose en un mueble o en el suelo de vez en cuando. O esconderlo detrás de un mueble, tal vez sacudirlo como si el juguete al final de la cuerda estuviera aterrorizado... ¡Acabáis de encender el interruptor gatuno de la felicidad!

Otra opción es variar la altura a la que se encuentra el juguete. De esta manera, algunas veces estará a su altura y otras veces no, y tendrá que saltar para atraparlo.

Peliconsejo: entre captura y captura de juguete, hagamos algunas pausas para evitar que nuestro amigo se excite demasiado. Recordad que para vuestro amigo jugar es capturar, pero también esperar y tomarse tiempo para planificar la emboscada *purrrfecta* que le permita atrapar de nuevo a su presa.

«HUMANA, ¿NO PODRÍAMOS IR UN POCO MÁS DESPACIO?»

—Mi gato Loki siempre quiere jugar y que le haga caso, me maúlla como un loco para que saque los juguetes del cajón —me dice Silvia.

—¿Y tú qué haces? —le pregunto intrigada.

—Pues saco los juguetes del cajón ¡y me pongo a jugar! Intento mover el juguete muy rápido, para que se canse y me deje seguir trabajando.

—¿Y funciona? —insisto

—Solo durante un rato. Al poco, Loki vuelve a la carga. ¡Y quiere volver a jugar!

Sois muchos los que me contáis historias similares a las de Silvia. Intentáis mover el juguete muy rápido, de un lado a otro, convencidos de que de esta forma cansaréis a vuestro amigo, pero no. Dejar satisfecho a un gatito es un poco más complejo.

Cuando era un cachorro, tal vez os funcionaba. Pero ya no. Es muy probable que, como le ocurre a Loki, vuestro peludo ahora os mire como diciendo: «Humana, ¿no podríamos ir un poco más despacio?». Os lo digo con cariño: creo que todos y todas sabemos a qué se refiere. Así que, en lugar de zarandear los juguetes a toda velocidad con la esperanza de cansarlos, movamos el juguete un poco a la derecha y después, movamos el juguete otro poco a la izquierda.

Me gusta llamar a esta estrategia de observación y acecho felino de sus juguetes *preliminares gatunos*, y son cruciales para jugar bien con nuestros gatos. ¡Es el mejor *gatisfyer*!

Ahora ya lo sabéis: las reglas del juego implican cansancio y satisfacción, tanto física como mental.

«SOY UN GATO SESUDO»

Demos a nuestros bigotudos tiempo para examinar su juguete y planificar su emboscada con tranquilidad. Gran parte del juego gatuno reside precisamente en esto. Vuestro amigo se divertirá descubriendo dónde se ha escondido el peluche; puede que se tumbe a esperar a que salga de su escondite y, cuando al fin se quede quieto, sacudirá el culo con ese adorable contoneo antes de saltar sobre su juguete. ¡Cazado!

Peliconsejo: podéis variar el juego e incluso los juguetes durante la sesión y usar cajas, por ejemplo, para hacerlo más interesante. Echadle imaginación.

BRICOGATUNOS

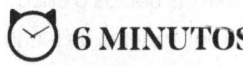 6 MINUTOS

Túnel de juego

Billy Boy se divierte cazando su peluche dentro de un túnel de juego casero, fabricado con una bolsa de papel. Un escondite *purrrfecto* para hacer más emocionante el juego con nuestros gatos.

Además de cajas de cartón donde ocultar sus peluches y pelotas, podemos utilizar bolsas rígidas de papel para hacer más emocionante el juego gatuno. Podríamos utilizarlas tal cual, pero a mí me gusta transformarlas en túneles de diferentes tamaños, y constituyen un escondite gatuno *purrrfecto* desde donde divisar juguetes y planificar emboscadas.

Materiales

- Una bolsa (o más) de papel grande

Elaboración

- **PASO 1:** recortar las asas de la bolsa.
- **PASO 2:** abrir o despegar la base. Con este paso, ya tendríamos un túnel, pero vamos a darle consistencia.
- **PASO 3:** enroscar los dos bordes abiertos de la bolsa, superior e inferior, como haríais al arremangaros una camisa. De este modo le daréis solidez. Lo podemos dejar aquí... ¡o alargar el túnel!
- **PASO 4:** repetir los pasos anteriores con más bolsas y encajarlas una dentro de la siguiente para crear túneles de juego gatuno más largos e interesantes.

«LLEVO UNOS PRISMÁTICOS»

—A mi gato Güido le pongo el juguete cerca de la cara para intentar que juegue, pero él le da un manotazo y ya. Enseguida se aburre y se marcha —me cuenta Diego, que vive con su cariñoso tigretón gris de ojos redondos en San Sebastián de los Reyes, Madrid.

No es un desaire: **los gatos no ven bien de cerca y para enfocar necesitan que coloquemos los objetos a una distancia, al menos, de unos veinte centímetros.** Y son miopes para cosas que estén a menos distancia de su adorable nariz. Ahora ya sabéis por qué vuestros gatos os miran impasibles cuando les sacudís un juguete cerca de la cara: sencillamente, ¡no lo ven! Y se aburren.

Tampoco les gusta que movamos los juguetes cerca de sus sensibles bigotes. Ese manotazo es más bien fruto de la incomodidad, ya que quieren alejar el peluche de su cara.

Mi consejo: alejad siempre los juguetes. Colocadlos, al menos, a veinte o treinta centímetros de distancia. Dejad que sea vuestro amigo quien se acerque ¡a su ritmo peludo!

... Y DEJADLES GANAR

Los gatos son inteligentes, ¡vaya si lo son! Y solo se involucran en un juego si creen que merece la pena. ¿Acaso alguien lo haría por menos? Por eso, es muy importante que dejéis a vuestro amigo ganar y que atrape el juguete, lo muerda y lo patee de vez en cuando.

Peliconsejo: cuando vuestro saco de ronroneos capture el juguete, seguid moviéndolo, con sacudidas suaves, como si se tratara de un ratoncito de verdad que intentara zafarse y escapar. Lograréis que ronronee de puro placer peludo.

«¿Y SI VIVO CON MÁS DE UN PELUDO?»

Si vivís con más de un gato, aseguraos de que todos reciben el tiempo de juegos y la atención que necesitan. A veces es más sencillo jugar en habitaciones diferentes. En cualquier caso, recordad que cada gato necesita su propio juguete y, si estáis solos, tendréis que utilizar las dos manos y convertiros en un director o directora de orquesta gatuna.

SI AUN ASÍ VUESTRO GATO NO JUEGA...

El hecho de que vuestro gato no esté tan interesado en el juego como antes puede ser una alerta de que algo no va bien. Puede haber varios motivos:

- Vuestro gato se siente infeliz, incómodo o algo le da miedo. Os aconsejo pedir ayuda a un experto en comportamiento felino.
- Está enfermo o sufre algún dolor que le quita las ganas de jugar. Le vendrá bien visitar a su veterinario.
- Puede que vuestro saco de pelo preferido se haya hecho anciano y que sufra artritis, algo frecuente a partir de los once o doce años. De nuevo, pedid consulta con el veterinario.

«¿PUEDO UTILIZAR UN PUNTERO LÁSER?»

Los punteros láser son un juguete popular, pero no suelo recomendarlos. Es cierto que a veces activan incluso al gato más exigente y logran que lo persiga por la casa. El problema viene después: cuando nuestro amigo trata de capturar el puntito de luz y nunca lo consigue. El puntero láser no se deja atrapar ni patear, como nuestros amigos bigotudos necesitan, lo que les causa frustración y ansiedad, y una sensación de que el juego no ha terminado. A veces lo expresan con arañazos y, en casos extremos, con mordiscos en los tobillos.

PREGUNTA A EVA

«Mi gato Salem me muerde los tobillos, ¿qué hago?»

—Eva, mi gato Salem me muerde las manos cuando juego con él y hasta los tobillos cuando cruzo una habitación —me cuenta durante una consulta Laura, que es la primera vez que comparte su vida con un gatito.

—Y cuando era más pequeño, ¿utilizabas las manos para jugar con Salem? —pregunto, como hago siempre que un cliente me cuenta que su gato le muerde las manos o los tobillos.

—Sí, cuando era pequeño, sí. Entonces era divertido. Pero ahora que ha aprendido a morder más fuerte, ¡me hace daño!

A algunos gatos, como le ocurre a Salem, les da por morder las manos o atacar los tobillos cuando pasáis cerca. En demasiadas ocasiones, el origen de estos comportamientos es el mismo:

- La falta de juegos gatunos o la ansiedad que siente por «jugar mal».
- Haber jugado con las manos cuando era un cachorro.

Si jugamos con las manos, lo que estamos enseñando a nuestro gato es que los dedos son un juguete, y crecerán pensando que mordernos es algo divertido. Aún hay más: este comportamiento no tarda en extenderse a los pies descalzos.

Mis recomendaciones:
- El cuerpo —lo que incluye manos y pies— no debe formar parte de los juegos. Esto evitará que vuestro amigo aprenda que morderos es divertido.

- Utilizad juguetes tipo caña de pescar de los que ya hemos hablado, y que la cuerda sea larga para que vuestras manos siempre queden lejos de las garras de vuestro amigo.
- Lanzad juguetes apropiados, como pompones y sacos de boxeo gatuno, lejos de vuestro cuerpo, para que puedan mordisquearlos.
- Aunque suene difícil, cuando nuestro amigo nos agarra con los dientes o las uñas tenemos que mantenernos totalmente quietos. Si nos quedamos quietos, nuestro amigo peludo se aburrirá y aprenderá que es más divertido morder su ratoncito de peluche.
- **Los castigos no funcionan con los gatos**. Si gritáis, os enfadáis o intentáis utilizar trucos caseros como darles a oler cáscara de naranja o limón, solo vais a estropear la relación con vuestros amigos. Decirle «no» con voz seria tampoco: no van a entender lo que le decís. Os cogerán miedo, les crearéis mayor ansiedad. Y empeoraréis el problema. Cogerle del cuello no es una opción: es muy doloroso para un gato adulto. Si vuestra gata o gato os muerde por miedo, frustración o por ansiedad, el problema es un poco más complicado, y os aconsejo pedir cita de comportamiento felino.

¿CUÁNTO TIEMPO NECESITA JUGAR UN GATO?

Como regla general, para adaptarnos al ritmo y los *preliminares peludos,* una sesión de juego interactivo con vuestro gato debería durar entre quince y treinta minutos. Respiremos: esto no significa que tengamos que estar media hora arrastrando un juguete por la casa.

PELITRUCOS PARA ESTIRAR EL JUEGO

Un juego de «persigue y atrapa tu ratoncito de peluche» debe terminar de un modo calmado, con algo que requiera su total concentración.

- **Escondite sabroso.** Para terminar, repartid sus bolitas de pienso o chuches gatunas por diferentes sitios y habitaciones de la casa. Al principio, ponédselo fácil. Poco a poco, podréis añadir dificultad, y hasta esconder las croquetas dentro de cajas para aumentar la sensación de búsqueda, o subirlas a zonas altas.
- **Sacad un rompecabezas de comida.** Si habéis saltado aquí sin leer el capítulo 7, revisad el apartado «Rompecabezas para gatos».

Eso, ¡y poned la telegato!

«ALÓ, TELEGATO»

Cooper viendo la telegato. En este episodio, unos pajaritos comen semillas sobre un tocón. ¡El preferido de mi tigretón!

Los buenos vídeos para gatos recrean un trozo de naturaleza para nuestros felinos caseros. No es extraño que las estrellas más aclamadas y repetidas sean ratones en busca de semillas, pájaros aleteando e insectos, y proporcionan la estimulación visual y mental que los gatos tanto necesitan para ser felices.

Aunque en internet encontraréis muchos más, en mi blog tenéis una pequeña selección en «8 de los mejores vídeos para gatos (y que no dejamos de poner en casa)».* Tendréis a vuestros amigos sentados frente a su telegato durante horas.

Gatitruco: usadlos para iniciar o estimular el juego con vuestros amigos gatunos. También podéis usarlos después, o para alargar la sesión. Eso sí: dejad siempre un rompecabezas de comida cerca. Para vuestros gatos, ¡será como tener palomitas en el cine!

PREGUNTA A EVA

¿Qué hora es la mejor para jugar con mi gato?

Cada gato es algo distinto, pero existen unas **reglas gatunas generales.** Y son un buen punto de partida para una vida feliz y ronroneante con vuestros gatos.

¿Cuántas veces necesita jugar? Vuestro amigo necesita, al menos, una o dos sesiones de juego diarias (cuantas más, mejor) con su entrenador *purrrsonal,* es decir, ¡vosotros!

¿A qué hora? Puesto que **los gatos son crepusculares, es decir, están más activos al amanecer y al anochecer,** las mejores horas para planificar el juego con vuestro amigo son a

---

* En <https://evasanmartin.com/videos-para-gatos-mejores-pajaros-ra tones/>.

primera hora de la mañana (¡intentad sacar al menos unos minutos!) y a última hora de la tarde.

Rutina. Los gatos adoran la rutina, y esto incluye a sus sesiones de juego.

¿Y después? ¡A cenar! Para evitar frustraciones, tras la captura viene la cena. En la sabana africana, una buena sesión de búsqueda y captura del ratón tiene la recompensa de la comida. ¡Y a nuestros amigos no se les ha olvidado! Sus genes aún dicen que, tras la captura, viene la cena. ¡Aunque solo se trate de su ratoncito de peluche! Así que ahora ya lo sabéis: después de una sesión de juego, siempre es buena idea ofrecer la cena o la comida a nuestro amigo. O, al menos, una chuche deliciosa. Repetid el mantra peludo del gato feliz: *Jugar, relamerse los bigotes, y ¡a dormir!*

¿LOS GATOS ANCIANOS JUEGAN?

Purrr supuesto que sí. Si no, que le pregunten a Cooper. A mi dulce amigo de catorce años peludos le encanta perseguir juguetes con forma de serpiente que muevo por el suelo como si se tratara de lagartijas reptantes y los juguetes de caña con plumas.

No esperéis saltos acrobáticos: la edad nos vuelve a todos más sesudos, también a nuestros gatos. Por eso, disfrutarán de juegos más pausados e inteligentes: les gusta que nos tomemos las cosas con más paciencia y cariño, si cabe. Pero agradecerán más que nadie ese tiempo de calidad por su querido humano.

¿Cómo sabes que tu gato quiere jugar? A veces nos lo dicen con un maullido alto y claro, y se nos quedan mirando con esa carita tan irresistible. Otras veces, se frotan de forma insistente con nosotros.

Revisa las señales de que tu gato quiere jugar: vuelve a los traductores de maullidos, caritas y posturas felinas de los capítulos 2 y 3.

PREGUNTA A EVA

¿Por qué mi gato me trae los juguetes? ¿Es un genio?

—Hay una cosa que me hace mucha gracia de Norman. Le lanzo una pelotita y él recorre todo el pasillo para recogerla y traérmela otra vez. Se la vuelvo a tirar y la vuelve a traer. ¡Yo pensaba que eso solo lo hacían los perros! ¿Es un genio? —me pregunta entre risas Nieves, que vive con sus gatos Norman y Billy III en la pequeña aldea gallega de Caión, en A Coruña.

Este juego gatuno es un comportamiento aprendido: nuestro gato va feliz por la casa con un juguete en la boca y, de forma accidental, lo deja caer a nuestros pies. Nosotros, como no podemos resistirnos a tanto encanto peludo, lo recogemos, lo felicitamos y volvemos a lanzarlo.

Para nuestro amigo es divertido porque el juego con su querido humano continúa y volverá a repetirlo. ¡Es un genio peludo muy inteligente!

LA HORA LOCA GATUNA

Un gatito siamés, con la carita marrón y los ojos chispeantes, y su hermano atigrado son los protagonistas de un vídeo corto en Instagram.

—¿Cuál es tu hora más loca? –le pregunta el tigretón rayado a su hermano gatuno.

—Empieza a las tres de la mañana —le contesta el primero con los ojos como platos.

—¡Yo iba a decir lo mismo! —dice el tigretón, dando saltitos.

—Y planeo correr como un poseso por todo el piso —advierte nuestro primer protagonista bigotudo.

—¡Fantástico! —responde el otro antes de echar a correr detrás de su hermano.

Os suena, ¿a que sí? La mayoría de nuestros sacos de ronroneos cachorros, adultos y hasta ancianos disfrutan, de tanto en tanto, de su divertida hora loca gatuna. Son los llamados *zoomies* gatunos, una repentina explosión de energía y felicidad que se conoce como *periodo de actividad frenética aleatoria (frenetic random activity period,* o FRAP).

Cuando están inmersos en sus *zoomies* corren por la casa como locos y saltan de un sitio a otro. Otros, como Travis, además hacen sonidos parecidos a chasquiditos. Nada por lo que preocuparse. La hora loca gatuna es un comportamiento gatuno instintivo y divertido.

Sé lo que estáis pensando: el problema son las horas.

PREGUNTA A EVA

Mi gato me despierta a las tres de la mañana, ¿qué hago?

Estos son mis trucos para gatitos noctámbulos que nos despiertan de madrugada para jugar o pedir comida.

- Si esos maullidos y estallidos de felicidad irrumpen cada noche a las cuatro y nos sacan de la cama, toca tomarse más en serio el juego diurno con nuestros gatos.
- Ofreced una generosa cena a vuestros amigos antes de iros a la cama, después una buena sesión de juegos y ejercicio, eso puede calmar a un gato noctámbulo y evitar que os despierte.
- Además, como complemento para prevenir que vuestro amigo os despierte en mitad de la noche, podéis recurrir a los rompecabezas con comida y dejarlos disponibles durante la noche para que se divierta y entretenga.

Ojo: si el maullido suena a llanto o si vuestro gato comienza a maullar cuando antes no lo hacía, debéis decírselo al veterinario. En gatos mayores, a partir de once años, enfermedades como la disfunción cognitiva (similar al alzhéimer humano), el hipertiroidismo o la hipertensión también pueden hacer que el gato empiece a maullar de forma repentina.

¡CHUTE DE FELICIDAD SIN PELIGRO!

Si vives con un gato, aquí va una noticia importante. Es muy probable que tu amigo felino se vuelva loco, en el mejor y más sano de los sentidos, con una planta llamada *catnip* y técnicamente conocida como *Nepeta cataria*.

El *catnip* es una planta de la familia de las mentas, igual que la hierbabuena o la menta común, a la que los gatos responden de diversas maneras. ¿Os acordáis de los *miausaps* de los que hablamos en el capítulo 5, los mensajes químicos que segregan los gatos para comunicarse entre ellos? Pues el *catnip* libera miles de moléculas de una sustancia llamada nepetalactona que se parece mucho, y que entran como un chute por el hocico de los mininos. Al olerlo, todas las células nerviosas responsables de la felicidad gatuna despiertan de golpe y activan en su cuerpo una reacción eufórica: ronronean, mordisquean la planta, se restriegan con ella, maúllan a garganta limpia, y con cara de mucho gusto, los incita al juego y hasta llegan a babear de puro placer felino. Nada de lo que preocuparse: todo es beneficioso y fruto de la felicidad peluda. ¡El verano del amor peludo!

Dato peludo. No todos los gatos tienen la suerte de disfrutar de esta explosión catatónica de felicidad. Uno de cada tres no ha heredado el gen que les hace responder a las moléculas que segrega esta planta.

LA FIESTA DEL CATNIP

Travis patea, se restriega, lame y mordisquea su juguete, un hurón *apestoso* pero muy divertido. Su peluche está relleno de hojas de vid plateada. ¡La planta preferida de Travis para sus fiestas ronroneantes!

Os relato la escena: Cabo, Billy con los ojos entrecerrados y, en medio, Brackett Omensetter sobre un juguete de plumas. La cama deshecha y mis amigos peludos más que relajados después de una buena sesión de juegos gatunos. Mientras, mi gata Martes está debajo, sobre un puñado de hierba *catnip*, rebozada como una croqueta. Me río, y la imagen de una banda de *rock* agotada y relajada tras un concierto me viene de golpe: ¡parece el camerino de los *Purrring Stones*!

Organizo esta fiesta dos veces por semana en casa. ¡Y es *purrrfecta*! Os cuento cómo...

- Coged un puñado de hierba seca por gato —su aspecto es similar al del orégano—, esparcidla o dejadla en el suelo. ¡La fiesta ha comenzado!
- Recoged o barred el *catnip* al cabo de una hora para que vuestros amigos no se hagan inmunes a sus efectos. Sería una pena.
- Guardad el *catnip* o los juguetes con *catnip* en recipientes herméticos, para que duren más.

La fiesta del *catnip* es individual y debemos supervisarla. Algunos gatos se ponen tan contentos bajo los efectos de esta planta que pierden la noción del espacio, y pueden asustarse o morder a otro amigo peludo por puro descontrol.

Es un modo genial de terminar y alargar una sesión de juego interactivo con sus juguetes favoritos.

OTRAS PLANTAS APESTOSAS Y DIVERTIDAS

Si tu gato no disfruta de la fiesta del *catnip*, es muy probable que sí lo haga con otras plantas gatunas *apestosas*, que huelen de un modo particular, pero que son divertidas y beneficiosas para nuestros gatos precisamente por eso. Por ejemplo, la valeriana (*Valeriana officinalis*) y el matatabi (el tallo seco de una planta similar al kiwi), también llamado vid planteada (*Actinidia polygama*). Y podéis usarlas para montar fiestas igual de ronroneantes.

¿Y qué hay de las aceitunas? A algunos gatos también les gusta patear, mordisquear, olisquear, frotarse y hacer la croqueta sobre las aceitunas; especialmente, sobre las verdes. Si tu amigo peludo está entre ellos, debes saber que no se trata de un alimento tóxico, y que no le hará daño si come un poco. Aunque demasiadas aceitunas sí pueden provocarle dolor de estómago o una diarrea, y como son ricas en sodio, un exceso no es recomendable: le podéis causar un problema de salud.

Además, muchas aceitunas vienen aliñadas con alimentos que sí son tóxicos para los gatos, como el ajo y la cebolla, y esto sí es peligroso. Volved a leer «Doce cosas que tu gato jamás debe comer», en el capítulo 7, para repasar la lista completa.

En cualquier caso, nunca deis a vuestros gatos una aceituna con hueso, porque puede ingerirla y atragantarse. Como veis, hay plantas más divertidas y seguras para nuestros amigos.

BRICOGATUNOS

 EN 2 MINUTOS

Saco de boxeo con catnip

Existen juguetes para gatos que ya vienen rellenos o rebozados en catnip o con extracto de raíz de valeriana. Notaréis que vuestros gatos juegan con ellos de un modo distinto: más que cazarlos, los usarán para patearlos con las garras traseras, rebozarse o mordisquearlos de pura felicidad gatuna. Y podemos fabricar versiones caseras.

Materiales
- Un trozo de tela vieja que aguante envestidas de felicidad peluda: la tela de forro polar suelen funcionar a la perfección (evitad las mantas de lana, ya que algunos gatos las muerden y tragan trozos)
- Un puñado de hierba *catnip*.

Elaboración
- **PASO 1:** coger la tela y espolvorear sobre ella el *catnip*.
- **PASO 2:** doblar un poco y volver a espolvorear. ¡Ya está!
- **PASO 3:** colocar el saco de boxeo en mitad del salón, en un sitio espacioso y seguro.
- **PASO 4:** esperar cinco segundos (no tardará más) hasta que vuestro boxeador peludo se apodere de su juguete.

#Alternativa peluda 1: podéis utilizar una camiseta o un peluche de tamaño mediano al que ya nadie hace caso. Pueden convertirse en un divertido juguete de boxeo para vuestro Muhammad Ali más bigotudo.

#Alternativa peluda 2: si vuestro amigo es inmune a los encantos del catnip, no tiréis la toalla. Probad con otras hierbas y plantas de felicidad gatuna, como la vid plateada, y las hojas o la raíz de valeriana.

GATIFICA

⏱ EN 5 MINUTOS

¡Reboza los juguetes en felicidad!

Si vuestro gato «no juega», probad a rebozar sus juguetes en catnip o en otras hierbas gatunas divertidas, como la vid plateada o la raíz de valeriana hay muchas posibilidades de que su respuesta te sorprenda.

PREGUNTA A EVA

Mi gato se come las plantas, ¿qué hago?

—Mi gato Paco me tiene frita. Se come todas las plantas que intento meter en casa, y me preocupa, porque algunas creo que son peligrosas —me dice Tere.

Mordisquear y comer plantas es un comportamiento natural en los gatos, y el modo más fácil de evitar que vuestro amigo la emprenda con el poto o con la monstera (que además son irritantes para ellos) es colocar las plantas que apreciáis lejos de su alcance: en alturas a las que no puedan acceder. Además, ofreced a vuestros amigos una maceta de hierba gatera: ¡un trozo de sabana africana que puedan mordisquear!

GATIFICA

 EN 12 MINUTOS

Mordisquear la sabana

Cooper (izquierda), Martes (centro) y Brackett Omensetter con su maceta de hierba gatera, en este caso, avena. Un trozo de sabana dentro de su salón, ¡que les encanta mordisquear!

La hierba gatera es una gramínea, como la avena. En el etiquetado debe poner «hierba para gatos», y es genial para introducir un trozo de naturaleza dentro del salón de vuestra casa para que vuestro amigo pueda mordisquear.

Materiales
- Un paquete de semillas de «hierba para gatos».
- Una maceta ancha y pesada, que no se balancee cuando vuestro amigo se acerque a mordisquear su sabana.
- Un saco de sustrato, compost o tierra para plantas, mejor aún si es ecológico.

Elaboración
- **PASO 1:** llenar la maceta con el sustrato.
- **PASO 2:** esparcir las semillas por la superficie.
- **PASO 3:** espolvorear otro poco de sustrato encima, no demasiado, lo justo para taparlas, y regar bien.

- **PASO 4:** esperar diez días a que la hierba gane buen tamaño.
  ¡Una sabana lista para mordisquear!
  Una ligera poda semanal ayuda a que crezcan las puntas.

Peliconsejo: si vuestro amigo vomita tras comer la hierba gatera, podéis probar con hierbas aromáticas, secas o frescas, como la lavanda, el eneldo, la menta, la hierbabuena o la albahaca.

PLANTAS PELIGROSAS: SÁCALAS DE CASA

Pero, como dice Tere, muchas plantas y flores comunes son tóxicas para los gatos, y hasta pueden causarles la muerte. Es el caso de la flor de Pascua o de los lirios (comunes en los ramos de flores). No necesita morderlo, vuestro amigo puede ingerir sin querer el polen mientras se acicala sencillamente porque al pasar cerca se le queda adherido al pelo.

Aunque las pongáis fuera de su alcance, siempre puede dar con el modo de hacerse con ella. Revisad esta lista para aseguraros de que la casa es segura para vuestros gatos, y deshaceros de cualquiera que sea tóxica.

Veintitrés plantas que tienes que alejar de tu gato

1. Amaryllis (*Amaryllis spp.*).
2. Narciso de otoño (*Colchicum autumnale*).
3. Azaleas y rododendros (*Rhododendron*).
4. Ricino o higuera infernal (*Ricinus communis*).
5. Crisantemo (*Chrysanthemum spp.*).

6. Ciclamen (*Cyclamen spp.*).

7. Narciso (*Narcissus spp.*).

8. Diefembaquia (*Dieffenbachia spp.*).

9. Hiedra (*Hedera helix*).

10. Jacinto (*Hyacintus orientalis*).

11. Kalanchoe (*Kalanchoe spp.*).

12. Lirio (*Lilium spp.*).

13. Convallaria o lirio de los valles (*Convallaria majalis*).

14. Marihuana (*Cannabis sativa*).

15. Adelfa (*Nerium oleander*).

16. Lirio de paz (*Spathiphyllum spp.*).

17. Poto (*Epipremnum aureum*).

18. Cica o palma de Sagú (*Cycas revoluta*).

19. Tomillo español (*Coleus ampoinicus*).

20. Tulipán (*Tulipa spp.*).

21. Tejo (*Taxus spp.*).

22. Flor de Pascua (*Euphorbia pulcherrima*).

23. Cerezo de Jerusalén (*Solanum pseudocapsicum*).

Ojo: si sospecháis que vuestro gato ha tragado una planta venenosa, contactad con el veterinario de inmediato. No esperéis a que aparezcan los síntomas de la intoxicación (vómitos o letargia, entre otros), porque entonces podría ser demasiado tarde.

Puede que nuestro gato sea muy juguetón y se comporte como un bólido peludo, que pasa de cero a cien en un instante o, todo lo contrario, que nuestro compañero sea muy tranquilo o muy mayor. Pero todos los gatos sanos y felices juegan. Eso sí: cada cual, a su peluda manera. No olvidemos pasar tiempo con ellos: necesitan el juego con sus humanos *purrrfectos* para alcanzar y disfrutar del bienestar que merecen.

Capítulo 9

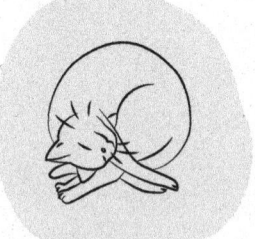

Caricias
purrrfectas

Son las siete menos diez y, como cada mañana, Billy Boy acaba de subir a mi cama. Aún somnolienta, observo a mi hermoso tigretón acercarse con paso sinuoso, evitando las líneas rectas. Trae la cola en alto, como un theremín feliz. Camina por el edredón hasta encaramarse en mi pecho. Una vez encima, me regala dos parpadeos gatunos, lentos y tiernos. Y, como ya os imagináis, obedezco sin rechistar (y no menos feliz que mi tigre): es la hora de sus caricias gatunas. Nuestro pequeño ritual entre las sábanas incluye rascado alrededor de sus adorables orejas y varias raciones de caricias en la barbilla. Mi tigretón se abandona a su rutina de masaje facial, entorna los ojos y ronronea.

Ya lo veis, no necesito despertador. Tengo uno *purrrfecto*.

PREGUNTA A EVA

¿Por qué mi gata se va cuando intento tocarla?

Laura, con gesto de preocupación, acude a la consulta para hablarme de su gata Calisi:

—Eva, no estoy segura de si le caigo bien a mi gata; cuando intento saludarla y acariciarla, ella me vuelve la cara. Otras veces se queda rígida y acaba por irse. ¿Estoy haciendo algo mal?

Cuando tenemos delante a un elegante tigretón que parpadea, como Billy, o a una adorable gata como Calisi, a muchos nos invaden unas ganas inmensas de tocarlos y de interactuar con ellos de forma inmediata. Hay algo bioquímico detrás de esta atracción: según un estudio de 2019, acariciar a nuestros gatos nos provoca una bajada significativa de los niveles de cortisol, una de las principales hormonas del estrés. Por eso nos relaja y nos hace sentir tranquilos.

Y hay gatos, como Billy, a los que les encanta recibir nuestras atenciones y caricias en la barbilla. Y nos lo demuestran a ronroneo limpio. Pero no todos son así. O no siempre, unas veces quieren caricias y otras no. Y eso nos desconcierta.

NO ES UN DESAIRE

Lo primero que tenemos que aprender y respetar es que no a todos los gatos les gustan las caricias humanas. No es un desaire, es más bien timidez. Y sucede, por ejemplo, cuando no han aprendido a disfrutar de ellas siendo cachorros. O puede que nuestro amigo haya tenido malas experiencias con las manos humanas. ¿Os acordáis cuando hablamos de los ladrillos que componen la personalidad de los gatos, su *purrrsonalidad*? Si no lo recordáis o habéis saltado aquí sin pasar por el capítulo 1, os recomiendo que reviséis el apartado: «No soy arisco, solo algo tímido».

Otras veces les gustan nuestras caricias, pero, como nos ocurre a todos, no les apetece que les toquemos en ese momento. O prefieren que los acariciemos de un modo y no de otro.

En este capítulo, os doy mi manual de caricias para ronronear de placer, al que yo llamo de forma divertida, *Manual del gatifroti*. Lleva ciencia, cariño y años de experiencia personal. Dominarlo es esencial: sabemos que las interacciones predecibles, positivas y agradables con sus humanos son cruciales para hacer felices a nuestros gatos, y son uno de los pilares de su bienestar. Unas veces incluyen las caricias, y otras debemos conformarnos con tenerlos cerca, que también es un modo gatuno de demostrarnos su amor.

Si lo seguís con paciencia, podréis conseguir que, paso a paso, de forma gradual, vuestros gatos disfruten —o vuelvan a disfrutar— de las caricias. Eso sí, hay que respetar sus reglas y hacerlo a ritmo gatuno.

CÓMO SALUDAR A UN GATO, ¡Y CAERLE BIEN!

Para caer bien a nuestros peliamigos y que sean felices a nuestro lado, lo primero que necesitamos es aprender a saludar a un gato en su propio idioma. *Purrr.* Y el mejor modo de saludar a nuestros camaradas de ronroneos y caerles bien es aprender a «hablar gato», es decir, imitar lo mejor posible el modo que tienen nuestros amigos de interactuar y relacionarse entre ellos.

«¡ERES GIGANTE! ¿PUEDES AGACHARTE?»

Según el protocolo gatuno, lo recomendable a la hora de saludarlos es agacharnos primero; así nos ponemos a su altura. Incluso podemos sentarnos en el suelo. Es más, mi consejo es que giremos el cuerpo ligeramente hacia un lado y nos pongamos de escorzo para hacernos aún más pequeños, menos amenazantes. Pensadlo de este modo: cuando estamos de frente, somos más grandes y la anchura de nuestro cuerpo, de hombro a hombro, es mayor. Sin embargo, si nos ponemos de lado o nos giramos un poco, ¡ya somos más pequeños!

Mi consejo: no tengamos prisa. Dejemos que sean ellos quienes hagan el primer acercamiento.

Y, entretanto, podéis parpadear...

HABLA GATO: EMPIEZA POR UN PARPADEO LENTO

Si quieres caerle bien a un gato, una de las primeras cosas que debes hacer es entornar los ojos y hacer un lento parpadeo. ¿Os acordáis cuando hablamos de este beso gatuno, en el capítulo 3? Pues este es un momento *purrrfecto* para ponerlo en práctica.

El parpadeo lento es como una sonrisa, transmite felicidad y emociones positivas. Es un modo de decir que tenéis buenas intenciones. Y, con suerte, vuestro gato os contestará. En idioma gatuno es: «Ey, todo está bien, podemos ser amigos, me gustas». Cuando un gato nos parpadea es un gran cumplido: «Oh, a este gato le gusto, ¡yeah!», pienso siempre que un adorable felino me regala un lento parpadeo.

PELIEJERCICIO PARA HOY

🕐 **EN 7 MINUTOS**

El beso gatuno

- **PASO 1:** cuando miréis a vuestros gatos, hacedlo siempre con una mirada tierna, con los ojos relajados o entrecerrados.
- **PASO 2:** parpadead muy despacio.
- **PASO 3:** mientras lo hacéis, probad a susurrar el nombre de vuestro tigretón o tigresa, seguido de palabras suaves. En mi caso, si estoy con Billy, le diría: «Billy, amigo». O podéis pensarlo solamente: el truco es que os ayudará a parpadear aún más despacio y con más cariño. ¡Justo lo que adoran los gatos!
- **PASO 4:** y mientras practicáis el lento parpadeo gatuno, girad ligeramente la cabeza hacia un lado.
- **PASO 5:** repetid y, con paciencia, esperad la reacción de vuestro amigo. Si lo hacéis bien, y tenéis suerte, vuestro camarada de ronroneos os devolverá el parpadeo e incluso el giro de cabeza. ¡Acabáis de sacar sobresaliente en este importante beso gatuno!

«PON UN DEDO Y DEJA QUE TE HUELA»

Cuando dos gatos amigos se saludan, lo hacen despacio y con un pequeño ritual. Primero, un ligero acercamiento de nariz. Literalmente, se acercan el uno al otro y tocarán las narices en un delicado «nariz con nariz», al estilo gnomo. Nosotros podemos imitar este comportamiento felino natural y acercar la punta de nuestro dedo índice: ¡será nuestra nariz gatuna!

Llamo a este ejercicio la técnica del dedo-nariz o, de forma más simpática, el saludo de ET, por el dedo luminoso y amistoso del adorable extraterrestre de la película de Spielberg. Nosotros, como este pequeño alienígena, vamos a utilizar nuestro dedo índice para ganarnos un amigo peludo.

PELIEJERCICIO PARA HOY

El saludo de ET

- **PASO 1:** acercad el dedo índice, con la dulzura con que lo haría ET, a la altura del hocico de tu amigo gatuno o, mejor, algo más abajo, y a una distancia de unos quince centímetros: ¡será vuestra nariz gatuna! Con gatos más tímidos, podéis aumentar la distancia y probar a ofrecerles, por ejemplo, las patillas de vuestras gafas (¡pocas cosas que huelan más a nosotros!) o un bolígrafo que uséis de forma habitual y tenga vuestro olor.
- **PASO 2:** esperad con paciencia. ¡Las cosas buenas llevan su tiempo peludo!
- **PASO 3:** ¿vuestro gato se acerca? Lo que está haciendo es oler vuestro dedo, registrando vuestro olor. Y, si es vuestro primer encuentro, ¡conociéndoos! Es como un apretón de manos.
- **PASO 4:** muchos gatos se acercarán a olernos, y hasta puede que comiencen a frotarse con nuestra mano. Dejad la mano relajada o floja para que puedan frotarse con ella. Es una declara-

ción de amistad gatuna y una invitación a empezar una estupenda sesión de *gatifroti*.

«¿Puedo ver esas manos, *purrr* favor?» No sorprendáis a vuestro gato desde arriba. Si volvemos a sus ancestros salvajes, entenderemos que los gatos también son presas, que existen peligros que llegan desde arriba, y que normalmente tienen garras, como una rapaz grande. Así que cuando les colocamos la mano encima de la cabeza, ¡da bastante miedo, si eres un gatito! Resulta intimidatorio.

Al contrario, poned las manos debajo de sus ojos. Mejor todavía, en el suelo: así, dejaremos que sea el gato quien nos huela.

PREGUNTA A EVA

¿Por qué los gatos prefieren a los alérgicos?

Cuando llego a casa de mis clientes para una consulta, siempre se sorprenden con el hecho de que sus gatos, incluso a los que aterrorizan las visitas, no salgan corriendo al entrar yo. Mi secreto peludo: ignorarlos. Hacer como si sus peludas majestades hubieran desaparecido y no existieran.

Nuestros tigretones adoran tenerlo todo bajo control, en todo momento y en cualquier situación. Necesitan tomarse un tiempo para conocernos y examinarnos a una distancia prudente antes de decidir si quieren acercarse a saludar o prefieren seguir con su vida peluda.

Un extenso estudio publicado en *Frontiers in Veterinary Science*, en 2021, confirma que cuando nos sentamos tranquilamente en el sofá y esperamos, nos concentramos en una tarea diferente (como leer buen libro o charlar), aumentan las posibilidades de que nuestro camarada peludo decida acercarse. Y es más probable que nos pida caricias y atención. ¡Es solo timidez gatuna!

Misterio resuelto: esta necesidad de tener tiempo y de ser ellos quienes inicien la interacción explica por qué tantos gatetes se sienten atraídos por las personas alérgicas. Os suena, ¿a que sí? Sencillamente, cuando alguien es alérgico intenta no acariciar a nuestro camarada de ronroneos. Algo que ellos agradecen: les gusta ser quienes tomen la iniciativa.

Ahora ya lo sabéis: si queremos caerle bien a un adorable gato, ¡hagámosles un poco de *ghosting*!

DEJAROS GUIAR POR VUESTRO TIGRETÓN

Dejad que sea vuestro amigo bigotudo quien tome la iniciativa, que decida si quiere frotarse con la mano. Si tenéis suerte, podéis colocar la mano en posición más relajada, y dejar que sea él quien guíe el contacto. Vuestro tigretón o tigresa os dará todas las pistas que necesitáis acerca de dónde, cómo y durante cuánto tiempo quiere caricias.

Ahora bien: también puede ocurrir que nuestro adorable compañero sea más tímido de lo normal, o no tenga ganas de caricias (¿a quién no le ha pasado?), y opte por darse la vuelta y seguir con su vida felina. Recordad: no es un desaire. Es solo un gato atareado con una vida propia.

PREGUNTA A EVA

¿Mi gato sabe cómo se llama o me ignora?

—El otro día me pasé dos horas buscando a mi gata Carol por casa. La llamé y grité su nombre como una loca, y como no contestaba, me asusté mucho: estaba convencida de que se había escapado o perdido —me cuenta Patricia.

La mayoría de los gatos saben su nombre. Un estudio de 2019, publicado en *Scientific Reports,* confirma que los gatos saben cómo se llaman y responden más al sonido de su nombre que al de cualquier otra palabra; y pueden distinguirlo entre palabras similares, con las mismas sílabas y entonación. Es más: incluso saben cómo se llaman los gatos con los que conviven.

Entonces, cuando nos desgañitamos llamando —como pasó con Carol— y no aparece, ¿lo hace adrede y nos ignora felinamente, o, por el contrario, no sabe que lo estamos buscando? Dos horas después, abrimos el armario de la habitación, y ahí está: nuestro precioso gato plácidamente dormido, enroscado sobre nuestro jersey de lana. Os suena, ¿a que sí?

CÓMO ENSEÑAR SU NOMBRE A TU AMIGO

Desgañitarnos no funciona. Lo único que vamos a conseguir es que nuestro gato se asuste al oír las voces. Sin embargo, resulta útil asegurarnos de que conozca su nombre, ya que, además, podemos utilizarlo para captar su atención. Por ejemplo, antes de un buen saludo gatuno.

Si acabáis de adoptar a vuestro gato (o mejor, a dos), es normal que aún no responda a su nombre. Podéis usar estos **consejos.**

- No uséis apodos, ya que lo confundiréis, y puede que no siempre sepa que os estáis dirigiendo a él.
- Cuando digáis su nombre, por ejemplo, Cabo o Frida, hacedlo en tono suave. Luego podéis lanzar, con delicadeza, una chuche gatuna en su dirección.

Vuestro amigo gatuno no tardará en aprender su nombre, solo necesitará un poco de tiempo, y algunos trozos del atún que tanto le gusta, para demostrártelo.

CARICIAS *PURRRFECTAS*

El frío hocico de Brackett Omensetter me roza el tobillo y me saca de mis tareas. «Eres tan suave, Brackett», le digo, mientras sonrío y dejo caer la mano de la silla para que pueda frotarse con ella. Miro el reloj. Entonces caigo en que llevo tres horas pegada, literalmente, al teclado. Mi amigo tiene razón: es momento de relajarnos, de tomarnos una pausa, y de disfrutar de unas caricias gatunas.

Acariciar a nuestros peliamigos debe ser un momento de cariño y placer compartido. Un momento de calma y una oportunidad *purrrfecta* para relajaros juntos.

«¿ME RASCAS LA CABEZA, *PURRR* FAVOR?»

Eva y Cooper nos enseñan cuáles son las caricias *purrrfectas* y cómo saber si nuestro gato disfruta del *gatifroti*. ¡Cooper lo demuestra a ronroneo limpio!

Si vuestro gato entorna los ojos, ronronea o descansa el peso de su cuerpo (como la cabeza) sobre vuestra mano, podéis estar seguros de que vuestro amigo está disfrutando.

Cuando se trata de caricias, cada gato tiene sus zonas preferidas, y que disfrute o no es una cuestión individual. Solo hay una forma de descubrirlo: acariciarlo y ver qué hace. Si nos dice que algo no le gusta, no lo volvamos a hacer. Si lo está disfrutando, sabremos que quiere que sigamos.

Aun así, hay unas reglas peludas generales para empezar. Las caricias favoritas de la mayoría de los gatos son en la cabeza: la base de sus orejas, entre las orejas y los ojos —¿veis esas calvitas que tienen vuestros amigos?, pues justo ahí—, las mejillas (con cuidado de no estrujar sus adorables, pero también muy sensibles bigotes) y la barbilla. Además, muchos se derriten de placer peludo cuando les rascamos el cuello con delicadeza.

PREGUNTA A EVA

¿Por qué mi gato no deja de lamerme?

—Mi gata Audrey me lame la cara cuando estoy en el sofá, y también las manos mientras la acaricio. Me hace cosquillas con esa lengua tan rugosa que tiene, y me parece divertido; pero no estoy segura de por qué lo hace. ¿Qué es lo que intenta decirme? —me pregunta Mercedes.

—Es su forma de decirte que le gustan tus caricias, y también de demostrarte su cariño —respondo y sonrío, porque Frida, cuando le rasco la barbilla, también me devuelve las caricias en forma de lengüetazos.

Cuando vuestro gato os lame las manos mientras lo acariciáis, es señal de que le está gustando. Su modo peludo de deciros: «Sigue, *purrr* favor». Si, además, nuestro gato nos lame la cara, los brazos y hasta el pelo, deberíamos tomárnoslo como un enorme cumplido. Y es que un gato puede demostrarnos su amor ¡a lametazo limpio!

CIENCIA GATUNA

El secreto de mi lengua rugosa

Los gatos son de sobra conocidos por su obsesión por la higiene. Los vemos acicalarse entre el 30 % y el 50 % del tiempo que pasan despiertos. Y sus peculiares lenguas, cubiertas de cientos de espinas o pequeños ganchos de queratina, el mismo material del que están hechas nuestras uñas, son una herramienta estupenda para esta labor.

Estas espinas también son responsables de ese tacto tan particular de la lengua de nuestros gatos, similar a un papel de lija húmedo, que se adhiere como un velcro. Este es el motivo de que sus lametazos resulten un poco ásperos. ¡Pero están llenos de cariño!

LENGÜETAZOS DE AMOR

Cuando un gato lame a otro es una demostración de cariño. Un modo gatuno de decirse «somos amigos, nos queremos». Es más: lamerse mutuamente crea lo que llamamos un olor comunal: una firma olorosa única que los dos gatos comparten, que crea cohesión y hace más fácil la convivencia.

Misterio resuelto: si nuestro gato nos lame, deberíamos tomarnos estos lengüetazos como una muestra de cariño felino y sentirnos halagados. Y hasta existen los mordisquitos de amor gatuno: suaves, e intercalados con otras muestras de calidez, como ronroneos. Un modo de demostrarnos que nos consideran sus amigos, parte de su familia.

«AQUÍ NO ME TOQUES, GRRR»

Si bien a muchos gatos les incomoda que los acariciemos de forma insistente el lomo («qué impresión, grrr»), puede que les gusten las caricias suaves en el costado. Y cuanto más nos acerquemos a la base de la cola, más individuales van a ser las respuestas gatunas. Algunos se vuelven locos de felicidad y placer gatuno.

—¿A que sí, Martes? —pregunto a mi adorable amiga, mientras le doy unas suaves palmaditas en sus pequeñas nalgas, que la hacen maullar y levantar el trasero en pleno frenesí.

Otros gatos, y son muchos, no lo disfrutan. Y nos lo hacen saber con gruñiditos de queja (grrr), o de forma más sutil, con una lengua que busca su propia nariz (señal de frustración), entre otras quejas gatunas.

Una regla peluda general: el lomo, la base de la cola, la cola y las patas son zonas que debemos evitar, a no ser que sepamos que a nuestro gato le gustan las caricias ahí.

Además, la ciencia nos dice que la tripa es una de las partes más sensibles de nuestros gatos, y también una de las zonas de su cuerpo que, normalmente, menos les gusta que acariciemos. No a todos, porque siempre hay excepciones, como Billy Boy, al que le encanta. Me pide incluirlas en nuestra rutina de amor peludo cada mañana en la cama.

PREGUNTA A EVA

¿Por qué mi gato me muerde cuando lo acaricio?

—Cuando acaricio a mi gato Goku, al principio, parece que le gusta. Pero de repente deja de estar tan cómodo, y si sigo, puede que incluso me dé un pequeño mordisco en la mano y se vaya. ¿Por qué ocurre esto? ¿Qué estoy haciendo mal? —pregunta Dani.

Os confieso algo: siempre que oigo la palabra «de repente» cuando se refiere a un gato, desconfío. Lo más probable es que Goku haya lanzado diferentes señales de incomodidad durante las caricias y su humano no haya sabido leerlas.

Sucede algo más: la piel de los gatos es bastante más fina que la nuestra. Y, en parte, gracias a ello tienen la flexibilidad que los caracteriza, ya que les permite mover su cuerpo con posturas que la mayoría de nosotros ni podemos soñar. Pero tiene un contrapunto: el hecho de que su piel sea tan fina también la hace más sensible. Y si insistimos en una zona, con caricias intensas, es fácil que nuestro peliamigo experimente lo que llamamos sobreestimulación: la impresión que le causa se vuelve insoportable. Por eso los gatos prefieren las caricias suaves y cortas.

Peliconsejo: si tu gato te muerde cuando lo estás acariciando, no te enfades. Al contrario, dale tiempo y espacio.

«¿PODEMOS DEJARLO PARA LUEGO, *PURRR FAVOR?*»

Un gato que no quiere que lo acariciemos o que no disfruta de las caricias que le damos siempre nos lo hace saber:

- Nuestro amigo amusga las orejas, las echa hacia atrás.
- Nos mira de forma directa a la cara o a la mano.
- Sacude la cola.
- Se lame la nariz: es señal de frustración, de que no le gusta lo que ocurre.
- Se queda quieto, deja de ronronear o de frotarse contra nosotros.

Cuando obtenemos una de estas señales gatunas, es momento de poner distancia y dejar a nuestro compañero bigotudo tranquilo. Si habéis saltado aquí directamente, os aconsejo revisar los traductores de sonidos, maullidos y caritas de los capítulos 2 y 3.

Si, pese a todo esto, continuamos acariciando a nuestro gato después de que ya nos haya expresado su incomodidad, existen muchas probabilidades de que nos saque las uñas o los dientes.

¡Ojo! Si a vuestro amigo gatuno no le gustan las caricias de las que antes disfrutaba, se queja y hasta os muerde la mano cuando intentáis tocarlo, hay muchas posibilidades de que esté enfermo o sienta dolor. ¡Consultadlo con su veterinario!

¿PUEDO COGER A MI AMIGO EN BRAZOS?

Algunas veces, lo único que queremos es coger a nuestros gatos en brazos y achucharlos, aunque sea un poco. ¡Son tan suaves y adorables! Pero no siempre es buena idea. Mi experiencia me dice que mucha gente abraza o coge a sus gatos porque es lo que les apetece a ellos (humanos); pero eso no significa que también sea lo que quieren sus gatos.

La mayoría de los gatos prefieren mantener las cuatro patas en contacto con el suelo. Por eso, cuando los cogemos en brazos, muchos empiezan a agitarse, contonearse y ponerse tensos: es la señal inequívoca de que quieren que los sueltes. Respetad su peluda voluntad.

Aun así, merece la pena enseñar a un gato que cogerlo en brazos es divertido. Hay ocasiones en las que puede ser importante, como en caso de emergencia.

EL MODO CORRECTO DE COGER A VUESTRO GATO

Lo primero es saludar a vuestro gato, como ya sabéis hacer. No queréis asustarlo. Agachaos para poneros a su altura. La mejor forma de coger a vuestro amigo es colocar una mano debajo de culete y, con la otra o con el antebrazo, sostenerle el pecho, por debajo de las patas delanteras. Si queréis sostenerlo durante un poco más de tiempo, dejad que apoye sus patas delanteras en vuestras manos u hombros, para que pueda sentirse cómodo.

Mi consejo: podéis practicarlo despacio, de forma gradual. Y acompañándolo de palabras cariñosas, chuches gatunas o un poco de latita húmeda.

Ojo: nunca agarréis a un gato de la piel del cogote, ¡es muy doloroso para un gato adulto! Tampoco lo sostengáis como si fuera un bebé humano. A la mayoría de los gatos no les gusta.

MIS DIEZ TRUCOS PARA EL *GATIFROTI*

Eva y Cabo nos enseñan los mejores trucos para saludar a un gato, ¡y caerle bien!

Recordad este sencillo decálogo para perfeccionar vuestro *gatifroti* y caricias la próxima vez que vuestro amigo bigotudo se acerque en busca de mimos. ¡Y lograréis que sea *purrrfecto*!

1. Sentaos (mejor en el suelo) y ofreced, con delicadeza, un dedo o la mano relajada a vuestro gato. Lo ideal es colocarla en el suelo, donde pueda verla, y a una distancia de unos quince centímetros.

2. Dejad que decida si quiere acercarse o no. ¡Con paciencia y a ritmo gatuno!

3. Si nuestro tigretón o tigresa quiere caricias, se acercará y frotará con el dedo o descansará su cara sobre nuestra mano. ¡Hemos tenido éxito!

4. Si no da este primer paso, no tiene ganas de contacto. No es un desaire. Dejad que siga con su atareada vida peluda.

5. Menos es más. Los gatos prefieren las sesiones de caricias cortas y frecuentes, en lugar de una larga e intensa.

6. Muchos gatos prefieren que les rasquemos con suavidad con un par de dedos o solo con la punta de nuestros dedos en la barbilla o las mejillas, en lugar de recibir caricias con la mano entera. Una mano humana, a veces, puede resultar grande y hasta asustar.

7. Practicad las caricias suaves y lentas, en la dirección de su pelo, de cabeza a cola.

8. Nuestros amigos nunca olvidan el tigretón que llevan dentro, y les dice que necesitan tener el control del *gatifroti* en todo momento. No los inmovilicéis.

9. Dejad que decidan cuándo empezar y cuánto terminar con los mimos.

10. Recordad: no los achuchemos ni agobiemos. A nuestros gatos les gustan las caricias tan suaves y gatunas como ellos. *Purrr*.

LA REGLA DE LOS TRES GATISEGUNDOS

La regla de los tres gatisegundos nos sirve para saber si nuestro camarada de ronroneos tiene ganas de mimos y está disfrutando del *gatifroti*, o prefiere que paremos. Es sencilla: cuando estéis acariciando a vuestro amigo, haced una pausa cada tres segundos para preguntarle si quiere más mimos.

¿Se frota contra vosotros y ronronea? ¡Quiere otra tanda de *gatifroti* y mimos!

¿Se queda quieto, tranquilo o vuelve la cabeza? Vuestro peliamigo está listo para una pausa.

¿SI AUN ASÍ NO LE GUSTAN?

Es posible que vuestro amigo disfrute de otras actividades con vosotros, sus humanos favoritos, que no impliquen caricias, como el juego con caña y juguete de plumas (volved al capítulo 8, «¡Hora del juego peludo!»), o dejad que vuestro gato se quede cerca o en vuestro regazo, sin acariciarlo. El amor también es eso.

Ahora que ya lo sabéis todo sobre las caricias *purrrfectas*, poned los cinco sentidos la próxima vez que vuestro gato se acerque en busca de mimos y no os equivocaréis. Os ayudará a mejorar la relación con vuestro amigo peludo preferido. Y es fundamental para que nuestros tigretones y tigresas sean todo lo felices que merecen ser.

Agradecimientos

Gracias a Hollín, Ringo, Kika, Holly, Cucu, Nala, Morgan, Luna, Beltza, Coca, Duque, Violeta, Swift, Tigre, Güido, Norman, Bartleby, Gastón, Sophie, Maja, Lola, Teo, Meera, Bizi, Mixi y a todos mis *miauravillosos* clientes gatunos (¡sois tantos!) y humanos por llenar mi camino de confianza, aprendizaje y sabiduría. Y a ti, lector, lectora, por llegar hasta aquí y dejarte inundar de amor peludo; gracias por querer entender y hacer más felices a vuestros gatos.

Al grupo Planeta por confiar en mí. A Ángeles Aguilera y a Andrea Toribio, mis *jefas*, mis editoras y, ahora también, mis amigas. ¿Os acordáis cuando me propusisteis que escribiera un libro sobre comportamiento felino? Ese día lloré de alegría. No ha sido el único durante este viaje de aprendizaje en tiempo récord. Gracias de corazón por confiar en mí en todo momento y sujetarme con cariño durante la escritura de este libro *ronroneante*. Sin vosotras, este libro no existiría, estoy en deuda eterna.

A Ce Santiago, mi primer ilustre lector: gracias por el aliento, el amor infinito, la espera apacible y por hacer que todo resultara más fácil cuando no lo era. A Helena Goch y Julio de la Rosa, gracias por soñar juntos este libro una tarde de verano y por vuestra amistad alienígena. A Conchi Cejudo, Pablo Batista y a Alicia García, por ayudarme a construir su esqueleto. Gracias por vuestra luz. A mi familia, que siempre cree en mí de un modo infatigable. Y a mi perrita Lulú, mi *despeluche*, por bailarme la rumba cada mañana y sacarme de paseo.

Y, por supuesto, gracias a mis gatos, Cooper, Cabo, Martes, Billy Boy, Frida, Travis y Brackett Omensetter por inundar mi vida de ronroneos, de risas y de amor peludo, y por dejar vuestra huella indeleble de cariño en estas páginas; sin vosotros no habría tenido el conocimiento, la habilidad ni la inspiración para escribir este libro. Vuestros bigotes acariciarán siempre mi corazón.

Bibliografía y referencias

CAPÍTULO 1

Benchimol da Silva, Filipa Alexandra, y Lima Fernandes, Thaís, «Does cat attachment have an effect on human health? A comparison between owners and volunteers», *Pet Bahaviour Science*, 1, 2016, pp. 1-12, disponible en <https://www.uco.es/ucopress/ojs/index.php/pet/article/view/3986>.

Bradshaw, John, *Cat Sense: The Feline Enigma Revealed*, Londres, Allen Lane, 2013.

Carlstead, Kathy, Brown, Janine, Monfort, Steven, *et al.*, «Urinary monitoring of adrenal responses to psychological stressors in domestic and nondomestic felids», *Zoo Biology*, 11(3), 1992, pp. 165-176, disponible en <https://onlinelibrary.wiley.com/doi/abs/10.1002/zoo.1430110305>.

Gray, John N., *Filosofía felina: los gatos y el sentido de la vida*, Madrid, Sexto Piso, 2021.

Ottoni, Claudio, Neer, Wim van, Geigl, Eva-Maria, *et al.*, «The palaeogenetics of cat dispersal in the ancient world», *Nature, Ecology & Evolution*, 1(7), junio de 2017, disponible en <https://www.nature.com/articles/s41559-017-0139>.

Souza, Daiana de, Mazza, Paula, Barbosa, Machado, Juliana C. *et al.*, «Identification of separation-related problems in domestic cats: A questionnaire survey», *Plos One*, 15 de abril de 2020, pp. 1-19, disponible en <https://journals.plos.org/plosone/article/file?id=10.1371/journal.pone.0230999&type=printable>.

Vitale, Kristyn R., Mehrkam, Lindsay, y Udell, Monique, «Social interaction, food, scent or toys? A formal assessment of domestic pet and shelter cat (*Felis silvestris catus*) preferences», *Behav. Processes*, 141(3), agosto de 2017, pp. 322-328.

— «Attachment bonds between domestic cats and humans», *Current Biology*,

29(18), 23 de septiembre de 2019, pp. R864-R865, disponible en <https://www.researchgate.net/publication/336000804_Attachment_bonds_between_domestic_cats_and_humans>.

Zak, Paul, «Dogs (and Cats) Can Love», *The Atlantic,* 22 de abril de 2014, disponible en <https://www.theatlantic.com/health/archive/2014/04/does-your-dog-or-cat-actually-love-you/360784/ >.

CAPÍTULO 2

ANFAAC, «Censo de mascotas», s. f., disponible en <https://www.anfaac.org/datos-sectoriales/>.

Eriksson, Matilda, Keeling, Linda J., y Rehn, Thérèse, «Cats and owners interact more with each other after a longer duration of separation», *Plos One,* 12(10), 2017, e0185599, disponible en <https://www.ncbi.nlm.nih.gov/pmc/articles/PMC5646762/>.

Lynch, Kevin, «Rescue cat Merlin sets new world record for loudest purr», Guinness World Records, 13 de mayo de 2015, disponible en <https://www.guinnessworldrecords.com/news/2015/5/rescue-cat-merlin-sets-new-world-record-for-loudest-purr 378630>.

McComb, Karen, Taylor, Anna M., Wilson, Christian, *et. al.,* «The cry embedded within the purr», *Curr. Biol.,* 19(13), julio de 2009, R5078, disponible en <https://www.sciencedirect.com/science/article/pii/S0960982209011683>.

Merola, I., Lazzaroni, M., Marshall-Pescini, S., *et al.,* «Social referencing and cat-human communication», *Anim. Cogn.,* 18(3), mayo de 2015, pp. 639-648, disponible en <https://pubmed.ncbi.nlm.nih.gov/25573289/>.

Quaranta, Angelo, Ingeo, Serenella, Amoruso, Rosaria, *et al.,* «Emotion recognition in cats», *Animals (Basel),* 10(7), julio de 2020, p. 1107, disponible en <https://www.ncbi.nlm.nih.gov/pmc/articles/PMC7401521/>.

Tavernier, Chloé, Ahmed, Sohail, Houpt, Albro, Katherine, *et al.,* «Feline vocal communication», *J. Vet. Sci.,* 21(1), enero de 2020, e18, disponible en <https://www.ncbi.nlm.nih.gov/pmc/articles/PMC7000907/>.

CAPÍTULO 3

Behnke, Alexandra, Vitale, Kristyn, y Udell, Monique, «The effect of owner presence and scent on stress resilience in cats», *Applied Animal Behaviour Science,*

243, septiembre de 2021, p. 105444, disponible en <https://www.sciencedirect.com/science/article/abs/pii/S0168159121002318>.

Bradshaw, John, y Cameron-Beaumont, Charlotte, «The signalling repertoire of the domestic cat and its undomesticated relatives», en Dennis C. Turner y Patrick Bateson (eds.), *The Domestic Cat: The Biology of its Behaviour*, Cambridge, Cambridge University Press, 2000.

Caeiro, Cátia, Waller, Bridget, y Burrows, Anne, *CatFACS: The Cat Facial Action Coding System Manual*, Universidad de Portsmouth, 2013, disponible en <www.CatFACS.com>.

Humphrey, Tasmin, Proops, Leanne, Forman, Jemma, *et al.*, «The role of cat eye narrowing movements in cat-human communication», *Scientific Reports*, 10(1), 16503, octubre de 2020, disponible en <https://www.nature.com/articles/s41598-020-73426-0>.

Kaminski, Juliane, Waller, Bridget, Diogo, Rui, *et al.*, «Evolution of facial muscle anatomy in dogs», *PNAS*, 116(29), junio de 2019, disponible en <https://www.researchgate.net/publication/333849680_Evolution_of_facial_muscle_anatomy_in_dogs>.

CAPÍTULO 4

Campbell, Scott, y Toblew, Irene, «Animal sleep: A review of sleep duration across phylogeny», *Neuroscience & Biobehaviorals Reviews*, 8(3), pp. 269-300, 1984, disponible en <https://proberlab.caltech.edu/documents/16365/campbell-tobler-1984-1_IT3wLVS.pdf>.

Carlstead, Kathy, Brown, Janine y Strawn, William, «Behavioral and physiological correlates of stress in laboratory cats», *Applied Animal Behaviour Science*, 38(2), 1993, pp. 143-158, disponible en <https://www.sciencedirect.com/science/article/abs/pii/016815919390062T>.

Ellis, Sarah, Rodan, Ilona, Carney, Hazel C., *et al.*, «Directrices de la AAFP y la ISFM sobre las necesidades medioambientales felinas», *Journal of Feline Medicine and Surgery*, 15, 2013, pp. 219-230, disponible en <https://catvets.com/public/PDFs/PracticeGuidelines/Translated/environmental_needs_-_spanish.pdf>.

Hoffman, Christy, Stutz, Kaylee, y Vasilopoulos, Terrie, «An examination of adult women's sleep quality and sleep routines in relation to pet ownership and bedsharing», Antrozoos, 31(6), 2018, pp. 711-725, disponible en <https://www.tandfonline.com/doi/abs/10.1080/08927936.2018.1529354>.

Stella, Judith, y Croney, Candace, «Environmental aspects of domestic cat care and management: Implications for cat welfare», *Scientific World Journal*, 2016, septiembre de 2016, disponible en <https://www.ncbi.nlm.nih.gov/pmc/arti cles/PMC5059607/>.

Vinke, C., Godijn, L. M., y Leij, W. van der, «Will a hiding box provide stress reduction for shelter cats?», *Applied Animal Behaviour Science* 160, pp. 86-93, noviembre de 2014, disponible en <https://www.sciencedirect.com/science/arti cle/abs/pii/S0168159114002366>.

Vitale, Kristyn R., Behnke, Alexandra C., y Udell, Monique, «Attachment bonds between domestic cats and humans», *Current Biology*, 29(18), septiembre de 2019, pp. 864-865, disponible en <https://www.cell.com/current-biology/full-text/S0960-9822(19)31086-3>.

CAPÍTULO 5

Bradshaw, John, *Cat Sense*, Londres, Allen Lane, 2013.

— Casey, R. A., y Brown, S. L., *The Behaviour of the Domestic Cat*, Oxfordshire, CABI, 2012.

Cornell Feline Health Center, «Feline behavior problems: House soiling», Univer sidad de Cornell, 2015, disponible en <https://www.vet.cornell.edu/depart ments-centers-and-institutes/cornell-feline-health-center/health-informa-tion/feline-health-topics/feline-behavior-problems-house-soiling>.

Grigg, E. K., Pick, L., y Nibblett, B., «Litter box preference in domestic cats: covered versus uncovered», *J. Feline Med. Surg.*, 15(4), abril de 2013, pp. 280-284.

Guy, Norma, Hopson, Marti, y Vanderstichel, Raphael, «Litterbox size preference in domestic cats (*Felis catus*)», *Journal of Veterinary Behavior*, 9(2), marzo-abril de 2014, pp. 78-82.

Ellis, J. J., McGowan, R. T., y Martin, F., «Does previous use affect litter box appeal in multi-cat households?», *Behavioural Processes*, 141(3), agosto de 2017, pp. 284-290.

McGowan, Ragen, Ellis, Jacklyn, Bensky, Miles, *et al.*, «The ins and outs of the litter box: A detailed ethogram of cat elimination behavior in two contrasting environments», *Applied Animal Behaviour Science*, 194, septiembre de 2017, pp. 67-78.

Mengoli, Manuel, Mariti, Chiara, Cozzi, Alessandro, *et al.*, «Scratching behaviour and its features: A questionnaire-based study in an Italian sample of domestic cats», *J. Feline Med. Surg.*, 15(10), octubre de 2013, pp. 886-892.

Moesta, A., Keys, D., y Crowell-Davis S., «Survey of cat owners on features of, and preventative measures for, feline scratching of inappropriate objects: a pilot study», *J. Feline Med. Surg.*, 20(10), octubre de 2018, pp. 891-899.

Neilson, J. C., «Pearl vs. clumping: Litter preference in a population of shelter cats», *J. Feline Med. Surg.*, 15(4), octubre de 2012.

Vitale, Kristyn, y Udell, Monique, «Stress, security, and scent: The influence of chemical signals on the social lives of domestic cats and implications for applied settings», *Applied Animal Behaviour Science*, 187, febrero de 2017, pp. 69-76.

Wilson, C., Bain, M., DePorter, T., *et al.*, «Owner observations regarding cat scratching behavior: an internet-based survey», *J. Feline Med. Surg.*, 18(10), octubre de 2016, pp. 791-797.

Zhang, L., Plummer, R., y McGlone, J., «Preference of kittens for scratchers», *J. Feline Med. Surg.*, 21(8), agosto de 2019, pp. 691-699.

CAPÍTULO 6

Desforges, E., Moesta, A., y Farnworth, M., «Effect of a shelf-furnished screen on space utilisation and social behaviour of indoor group-housed cats *(Felis silvestris catus)*», *Applied Animal Behaviour Science*, 178, mayo de 2016, pp. 60-68.

Ellis, J. J., Stryhn, H., Spears, J., *et al.*, «Environmental enrichment choices of shelter cats», *Behav Processes*, 141(3), 2017, pp. 291-296.

Ellis, S., Rodan, I., Carney, H., *et al.*, «Directrices de la AAFP y la ISFM sobre las necesidades medioambientales felinas», *Journal of Feline Medicine and Surgery*, 15, pp. 219-230, 2015, disponible en <https://catvets.com/public/PDFs/PracticeGuidelines/Translated/environmental_needs_-_spanish.pdf>.

Kim, Y., Kim, H., Pfeiffer, D., *et al.*, «Epidemiological study of feline idiopathic cystitis in Seoul, South Korea», *J Feline Med Surg*, 20 (10), 2018, pp. 913-921.

Libonate, S., y Suchak, M., «Predictors of the use of enrichment items in colony housed shelter cats», *J Appl Anim Welf Sci*, junio de 2021, pp. 1-13

Shyan-Norwalt, M., «Caregiver perceptions of what indoor cats do "for fun"», *J Appl Anim Welf Sci*, 8(3), 2005, pp. 199-209.

CAPÍTULO 7

APOP, «Veterinary clinic pet obesity prevalence survey», 2021, disponible en <https://petobesityprevention.org/2021>.

ASPCAPro, «People foods pets should never eat», disponible en <https://www.aspcapro.org/resource/people-foods-pets-should-never-eat>.

Buckley, C., Hawthorne, A., Colyer, A., *et al.*, «Effect of dietary water intake on urinary output, specific gravity and relative supersaturation for calcium oxalate and struvite in the cat», A. *British Journal of Nutrition*, 106 (sup. 1), octubre de 2011, pp. 128-130.

Dantas, L., Delgado, M., Johnson, I., *et al.*, «Food puzzles for cats: Feeding for physical and emotional wellbeing», *J Feline Med Surg*, 18(9), septiembre de 2016, pp. 723-32.

Dantas-Divers, L. M., Crowell-Davis S. L., Alford K., *et al.*, «Agonistic behaviour and environmental enrichment of cats communally housed in a shelter», *J Am Vet Med Assoc*, 239(6), septiembre de 2011, pp. 796-802.

Delgado, M., y Dantas L. M. S., «Feeding cats for optimal mental and behavioral well-being», *Vet Clin North Am Small Anim Pract*, 50(5), septiembre de 2020, pp. 939-953, disponible en <https://www.ncbi.nlm.nih.gov/pmc/articles/PMC7415653/>.

Driscoll, C. A., Menotti-Raymond, M., Roca, A. L., *et al.*, «The Near Eastern origin of cat domestication», *Science*, 317(5837), julio de 2007, pp. 519-523.

Ellis, S., Rodan, I., Carney, H. C., *et al.*, «AAFP and ISFM feline environmental needs guidelines», *Heath J Feline Med Surg*, 15(3), marzo de 2013, pp. 219-230.

— y Rowe E., «Five-a-day felix. A report into improving the health and welfare of the UK's domestic cats». The Big Bang, enero de 2017, disponible en <ht tps://icatcare.org/app/uploads/2019/12/five-a-day_felix_full_report.pdf>.

Eyre, R., Trehiou, M., Marshall, E., *et al.*, «Aging cats prefer warm food», *Journal of Veterinary Behavior*, 47, enero de 2022, pp. 86-92.

Hall, J. A., Vanchina, M. A., Ogleby, B., *et al.*, «Increased water viscosity enhances water intake and reduces risk of calcium oxalate stone formation in cats», *Animals*, 11(7), 2021, p. 2110.

Hepper, P. G., Wells, D. L., Millsopp, S., *et al.*, «Prenatal and early sucking influences on dietary preference in newborn, weaning, and young adult cats», *Chem Senses*, 37(8), octubre de 2012, pp. 755-766.

Hoenig, M., «The cat as a model for human nutrition and disease», *Curr Opin Clin Nutr Metab Care*, 9(5), septiembre de 2006, pp. 584-588.

Khamsi, R., «Cats lack a sweet tooth», *Nature*, 25 de julio de 2005, disponible en < https://www.nature.com/articles/news050718-16>.

Li, X., Li, W., Wang, H., *et al.*, «Pseudogenization of a sweet-receptor gene accounts for cats' indifference toward sugar», *PLoS Genet*, julio de 2005, disponible en <https://journals.plos.org/plosgenetics/article?id=10.1371/journal.pgen.0010003>.

Litster, A. L., y Buchanan, J. W., «Radiographic and echocardiographic measurement of the heart in obese cats», *Vet Radiol Ultrasound*, 41(4), julio de 2000, pp. 320-325.

— Morris, James. *Idiosyncratic nutrient requirements of cat appear to be diet-induced evolutionary adaptations. Nutrition research reviews*, 5, 2002, PP. 153-168.

— Morris J. G. y Rogers Q. R., *Nutrition of the Dog and Cat*, Cambridge, Cambridge University Press, 1989.

Nelson, R. W., Himsel, C. A., Feldman, E. C., *et al.*, «Glucose tolerance and insulin response in normal-weight and obese cats», *Am J Vet Res*, 51(9), septiembre de 1990, pp. 1357-1362.

Overall, K. L., Rodan, I., Beaver, B. V., *et al.*, «Feline behavior guidelines», *J Am Vet Med Assoc*, 227(1), julio de 2005, pp. 70-84.

Plantinga, E. A., Bosch, G., y Hendriks, W. H., «Estimation of the dietary nutrient profile of free-roaming feral cats: possible implications for nutrition of domestic cats», *Br J Nutr.*, 106 (sup. 1), octubre de 2011, pp. 35-48.

Rowe, E., Browne, W., Casey, R., *et al.*, «Risk factors identified for owner-reported feline obesity at around one year of age: Dry diet and indoor lifestyle», *Prev Vet Med*, 121 (3-4), octubre de 2015, pp. 273-281.

Slovak, J. E., y Foster, T., «Evaluation of whisker stress in cats», *J Feline Med Surg*, 23(4), abril de 2021, pp. 389-392.

WSAVA, *World Small Animal Veterinary Association*, 2021, disponible en <https://wsava.org/wp-content/uploads/2021/04/Selecting-a-pet-food-for-your-pet-updated-2021_WSAVA-Global-Nutrition-Toolkit-Spanish.pdf>.

Zoran, D. L., «The carnivore connection to nutrition in cats», *J Am Vet Med Assoc*, 221(11), diciembre de 2002, pp. 1559-1567.

CAPÍTULO 8

Bekoff, M., y Byers, J. (eds.), *Animal Play: Evolutionary, Comparative and Ecological Perspectives*, Cambridge, Cambridge University Press, 1998.

Bol, S., Caspers, J., Buckingham, L., *et al.*, «Responsiveness of cats (*Felidae*) to silver vine (*Actinidia polygama*), Tatarian honeysuckle (*Lonicera tatarica*), valerian (*Valeriana officinalis*) and catnip (*Nepeta cataria*). BMC Vet Res*, 13(1), marzo de 2017, p. 70.

Clarke, D. L., Wrigglesworth, D., Holmes, K., *et al.*: «Using environmental and feeding enrichment to facilitate feline weight loss», *J Anim Physiol Anim Nutr*, 25 de noviembre de 2005.

Delgado, M., «A review of the development and functions of cat play, and future research considerations», *Applied Animal Behaviour Science*, 214, 2019, pp. 1-17.

Ellis, S., «Environmental enrichment: Practical strategies for improving animal welfare», *J Feline Med Surg*, 11(11), noviembre de 2009, pp. 901-912.

Ellis, S. L., Rodan, I., Carney, H. C., *et al.*, «AAFP and ISFM feline environmental needs guidelines», *J Feline Med Surg*, 15(3), marzo de 2013, pp. 219-230.

Espín-Iturbe, L. T., López Yáñez, B. A., Carrasco García, A., *et al.*, «Active and passive responses to catnip (*Nepeta cataria*) are affected by age, sex and early gonadectomy in male and female cats», *Behav Processes*, 142, septiembre de 2017, pp. 110-115.

Hall, S. L., Bradshaw, J. W., y Robinson, I. H., «Object play in adult domestic cats: the roles of habituation and disinhibition», *Applied Animal Behaviour Science*, 79, 2002, pp. 263-271.

International Cat Care, «Poisonous plants», 30 de julio de 2018, <https://icatcare.org/advice/cats-and-poisonous-plants/>.

Pankseepp, J., «Can play diminish adhd and facilitate the construction of the social brain?», *Acad Child Adolesc Psychiatry*, 16(2), mayo de 2007, pp. 57-66.

Slater, M. R., y Gwaltney-Brant, S., «Exposure circumstances and outcomes of 48 households with 57 cats exposed to toxic lily species», *J Am Anim Hosp Assoc*, 47(6), noviembre-diciembre de 2011, pp. 386-390.

Wang, S., y Aamodt, S., «Play, stress, and the learning brain», *Cerebrum*, 2012, septiembre-octubre de 2012, p. 12.

CAPÍTULO 9

Curtis, T. M., Knowles, R. J., y Crowell-Davis, S. L. «Influence of familiarity and relatedness on proximity and allogrooming in domestic cats (*Felis catus*)», *Am J Vet Res*, 64(9), septiembre de 2003, pp. 1151-1154.

Ellis, S., Thompson, H.; Guijarro, C., *et al.*, «The influence of body region, handler familiarity and order of region handled on the domestic cat's response to being stroked», *Applied Animal Behaviour Science*, 173, diciembre de 2015, pp. 60-67.

Haywood, C., Ripari, L., Puzzo, J., *et al.*, «Providing humans with practical, best practice handling guidelines during human-cat interactions increases cats' affiliative behaviour and reduces aggression and signs of conflict», *Front Vet Sci*, 8, 23 de julio de 2021.

Mertens, C., «Human-cat interactions in the home setting», *Anthrozoös*, 4(4), diciembre de 1991, pp. 213-231.

— y Turner, D. C. «Experimental analysis of human-cat interactions during first encounters», *Anthrozoös*, 2(2), junio de 1988, pp. 83-97.

Pendry, P., y Vandagriff, P., «Animal Visitation Program (AVP) reduces cortisol levels of university students: A randomized controlled trial», *AERA Open*, 5(2), 2019.

Saito, A., Shinozuka, K., Ito, Y., *et al.*, «Domestic cats (*Felis catus*) discriminate their names from other words», *Sci Rep*, 9, 4 de abril de 2019, p. 5394.

Soennichsen, S., y Chamove A. S., «Responses of cats to petting by humans», *Anthrozoös*, 28 de abril de 2002, pp. 258-265.

Turner, D. C., «The ethology of the human-cat relationship», *Schweizer Arch Tierheilkunde*, 133(2), 1991, pp. 63-70.

Noel, A., y Hu, D., «Cats use hollow papillae to wick saliva into fur», *PNAS*, 115(49), noviembre de 2018, pp. 12377-12382.